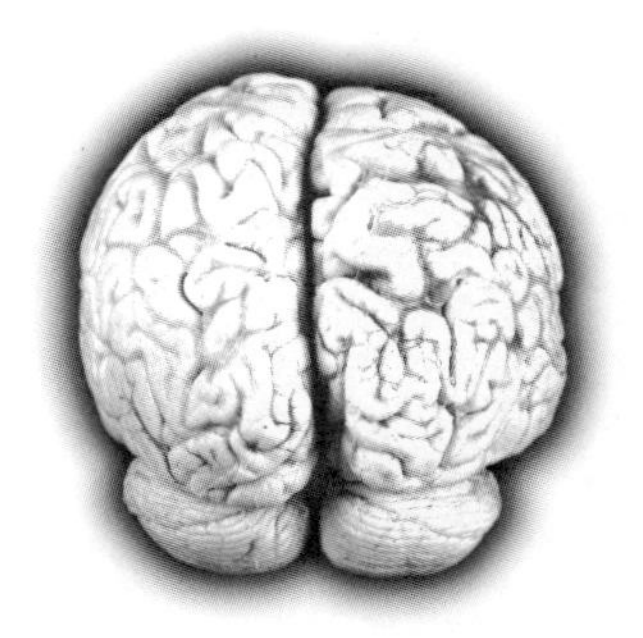

Century of the Brain

食と脳

脳を知る・創る・守る・育む

18

開会挨拶

ＮＰＯ法人脳の世紀推進会議理事長　津本　忠治

皆様お早うございます。

脳の世紀シンポジウムは初回が一九九三年で、今年二四回目を迎えております。回を重ねてきましたが今回は特別です。今年は『食と脳』ということで、京都の老舗料亭「木乃婦」の三代目ご主人、髙橋拓児さんにご講演をいただきます。そのあと四人の先生方からも食に関係するお話をいただきますが、最初に、なぜ和食に焦点をあてたか、その理由をお話しして開会のご挨拶にかえたいと思います。

「医食同源」ということばがあります。「医」は医学・医療、「食」は食べ物、食べるということです。食べることは健康の維持、増進、病気の予防、病気からの回復に重要であることを意味しています。最近は、食のなかでも和食が注目されています。和食は、低カロリーで肥満やメタボの予防によいとか、認知症など脳の老化にも予防効果があるといわれています。うつの予防にもよいという話があります。そのような和食の効果もさりながら、日本食は非常にデリケートでおいしいということがヨーロッパやアメリカ、南米など世界中でよく知られており、平成二十五年にユネスコの無形文化遺産にも登録されました。そこで、どうして和食が身体によいのか、美味しいのか、その秘密・理由を、実際に調理される方からお聞きしようということで髙橋さんをお招きしました。

和食の料理人は多くおられますが、髙橋さんは特別です。京都大学農学部の伏木先生の研究室で修士課程を卒業され、農学修士号を持っておられます。研究もされており、科学的なマインドを持っておられる類をみない稀なシェフです。そこでお招きしたわけです。

また、本シンポジウムの恒例ですが、特別講演に続き、「脳を知る」「脳を創る」「脳を守る」「脳を育む」の四つの領域から最新の研究成果を、特に本日は食に関する最新の成果をお話ししていただきます。これも非常に楽しみにしております。

脳研究は非常に広い分野にまたがっています。心理学、認知科学、情報科学、ロボット工学、人工知能といった分野から分子生物学までまたがる包括的なサイエンスです。脳科学の研究成果は、認知症といった精神神経疾患の予防法・治療法の開発にもつながりますし、人工知能、ロボットなど工学的な応用にもつながることから社会的なインパクトが非常に強くなっています。その意味で、一般社会の方々にも脳科学に対する支援・サポートを是非ともお願いしたいと考えております。脳科学研究の重要性、脳科学研究へのサポートの重要性をご理解いただくために毎年、本シンポジウムを開催しております。

本シンポジウムを主催する特定非営利活動法人脳の世紀推進会議は、このシンポジウム以外に高校生向けの行事を全国各地で開催しております。脳科学研究を発展させ、皆様のご理解をえるための活動を広く実施しております。私どもは特定非営利活動法人ですので、一般の方にも開かれた組織です。この脳の世紀推進会議の趣旨にご賛同いただき、是非とも会員として、脳科学研究を発展させる活動に参加していただきたいと願っております。

以上、これで私の開会のご挨拶とさせていただきます。

食と脳　脳を知る・創る・守る・育む 18

開会挨拶 …… 津本　忠治　3

I章　特別講演

食と脳―料理人の思考回路 …… 髙橋　拓児　9

日本料理の形成／京料理／一　八寸／見立てのデザインとは
神道、仏教から学ぶ／二　お造り／三　御椀／四　焼物／五　揚げ物
六　焚合／七　御飯／白御飯は日本教／料理人の思考回路

II章　脳を知る

口のなかで辛みと温度を感じるメカニズム …… 富永　真琴　41

味覚を感じる機構／辛みを感知する脳のメカニズム
温度を感知するイオンチャネルと味覚／味覚感知と温度感知に作用するチャネル
TRPチャネルはどんな構造をしているか／痛みを感知するTRPチャネル
ワサビの受容体TRPA1／温度感受性TRPV4と脳脊髄液
感覚神経でTRPチャネルとANO1は機能連関するか
辛いものを食べたとき、どうしたら辛みを和らげることができるか

Ⅲ章　脳を守る

うつ病の予防・治療のための食生活と栄養 ……………… 功刀　浩　71
うつ病のチェックと治療／現代の食事の問題／うつ病と関連する栄養／食生活
食事スタイルとうつ病リスク／魚摂取と不飽和脂肪酸／ビタミン／ミネラル
うつ病にならないために／緑茶の効用／腸内細菌とうつ病

Ⅳ章　脳を創る

味と匂いを数値化する ……………… 都甲　潔　99
味は五つの基本味から構成される／脳で感じる味と舌で感じる味
味覚センサの開発と展開／味のものさしでビールを測る／味の合成
味はバーチャル／食文化・食産業のグローバル展開／匂いセンサ／主観と客観

Ⅴ章　脳を育む

脳と脂質の良い関係 ……………… 大隅　典子　127
はじめに／発生の話／哺乳類型の脳を大きくするグッドデザイン
脳のなかのグリア細胞／脳と脂質／脳内での脂肪酸の役割／現代の食生活
健康な食事／ニュートリゲノミクスの必要性

閉会挨拶……樋口　輝彦　148
著者紹介……150

特別講演 Ⅰ章

食と脳――料理人の思考回路

木乃婦三代目主人
高橋 拓児

先程、どのような方が来られるのですかとお聞きしたところ、「普通の一般的な方ですよ」と。でも一般の方々であれば、口の中で辛みと温度を感じるメカニズムに興味があるはずはないので、結構マニアックな一般人の方々が多数お見えになっていることがわかりました。今日、用意してきたスライドはやや一般的でない人向けにつくっておりますのでよかったと思っている次第です。

私は京都で料理屋を営んでいる三代目でありながら、京都大学の医学部や農学部の先生方と日本料理の美味しさを研究しております。伝統的な京料理に未来的、科学的な目線をどのようにからみあわせながら料理自体を発展させていくべきかといった話、そして、現在私の食に対する思考回路を皆様方にお見せして、最終的には私の店に来ていただくように話をもっていきたいと思っておりますので、ご協力をお願いします。

日本料理の形成

和食が世界遺産登録され、食品産業や観光業、それに付随する伝統産業がいま脚光を浴びております。本来の形だけでなく、文化として創造的なことが日々進んでいるご時勢です。海外でも日本食のレストランがすごい勢いで伸びており、日本料理自体が海外で認知されていくことを目の当たりにしております。日本料理の骨格である昆布と鰹節のだしの美味しさを海外では「ＵＭＡＭＩ」とローマ字で表現しますが、うま味というキーワードも理解されつつあります。二〇〇四年頃にフランスに行ったとき、鰹と昆布のだしを美味しいとは思ってもらえませんでした。一二年たったいま、ヨーロッパでは富裕層だけではなく一般の方々にも、確実に鰹と昆布のだしは美味しいといっていただけます。このような時代が到来しました。

また、私たちは魚を単に焼くといった技術だけでなく、これを高度化させることに苦心してきました。焼く技法や、どんな室礼（しつらえ）で料理を見せるか、魚を焼くことを高度な食文化にもっていくことが、そもそも私たちの仕事です。

ですが、歴史的に見てみますと日本料理の八〇％以上は中国大陸からはいってきた食文化をどんどん吸収して日本料理の型に取り込んできたものです。たとえば、揚げ物は中国料理の様式をほとんど取り込んでいます。野菜を炊く技術も、鎌倉時代に禅、宗教とともに中国から伝わってきました。さまざまな食文化との融合の末に、御飯を中心とした和食が形成されました。本日はそういったことを一つずつかいつまみながら、「食と脳」というテーマで和食のプロである料理人が、一般の方々が料理を見る目線とは違う特別な能力を持っていることを実証させていただきつつ、食の理解を進めていきたいと考えております。

京料理

本日はわかりやすく日本料理の代表的なモデル、京料理について説明させていただきます。別に中華思想で京料理が一番優れているというわけではありません。わかりやすいので京料理をもってきました。

京料理の基本的は、八寸、造り、御椀、焼き物、揚げ物、焚合、御飯、あとは水菓子もしくは主菓子、抹茶という形になっています。それぞれの役割分担が決まっております。これらによってストーリー（緩急ともいう）に仕立てるため、わざわざ八寸といった項目をつけているわけです。ですので、アワビを使った蒸し物、鮎を使った焼き物が単独で存在するわけではありません。八寸、造り、御椀といったワードに意

図1

味があり、そのワード自体のテーマはまったく重複しません。それぞれが違う立場から違う主張をして、全体として京料理を構成しているのです。

では簡単に懐石における料理人の思考回路を一つずつ説明していきます。本当は企業秘密なんですが……。

一　八寸

秋の八寸、「照葉八寸」では、紅葉を使って赤を基調につくります（**図1**）。この八寸は、特にどのように見立てるかが大事ですので、デザインに注目して料理を構成していきます。

ここで、視覚実験をしてみます。

図2を見ていただくと、洋皿に盛りつけてあるのは、日本人であれば、三月の雛祭りにだせば、三色の菱餅から雪と花と木の葉を連想されるのではないかと思いますが、これを外国人に見せてもそのような感覚を持ちません。**図3**では上に黒いものがついていますが、アイスクリームとチョコレートのムースです。これと同じものを違う

図2

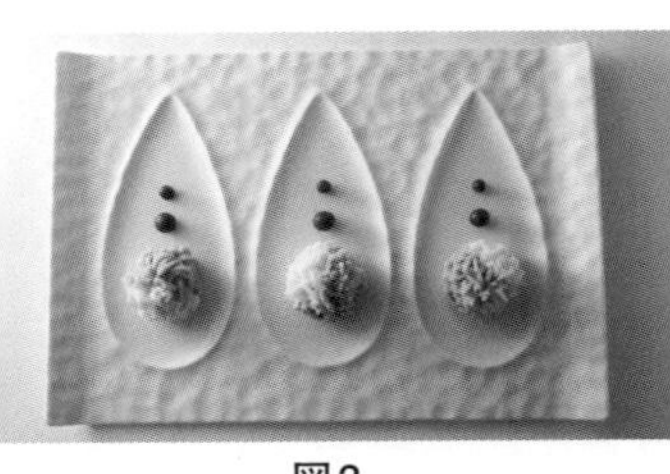
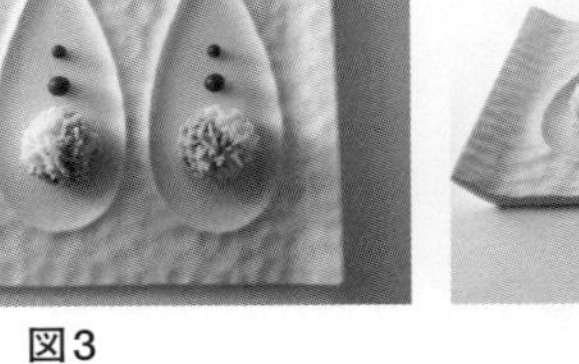

図3

器、茶会席に使う食籠（じきろう）に入れます（**図4**）。まさしく和菓子に見えますが、これもアイスクリームです。

次に、白い器に茶色いものを入れると（**図5**）、洋菓子かなと。**図6**のように見ると、洋菓子なのか和菓子なのか中途半端な位置にきます。器を完全にかえると、水羊羹もしくは羊羹に見えます（**図7**）。それは、チョコレートの寒天寄せです。このように、私たち日本人は、見立てによる食の情報で、どのようなものであるかをかなり高い確率でジャッジしています。

図8のように洋風に盛ると、フランス料理の後にでてくるような洋風のデザートのようになります。少し崩しの

図4

図5

図6

図7

美学を使って、まったく同じ材料ですが、唐津の器に氷を敷いて、葉っぱに雪を散らして盛りつけると（図9）、和風に見えます。日本料理屋でできてもまったく違和感がない仕立てになります。要するに、八寸は見立てを必要とするものです。いかに日本の文化、食文化を表現できるかを突き詰めて考えていくというカテゴリーになります。

見立てのデザインとは

図10は、京懐石の杉板の八寸盆です。その盆は、一辺が二四・二四センチメートルになってい

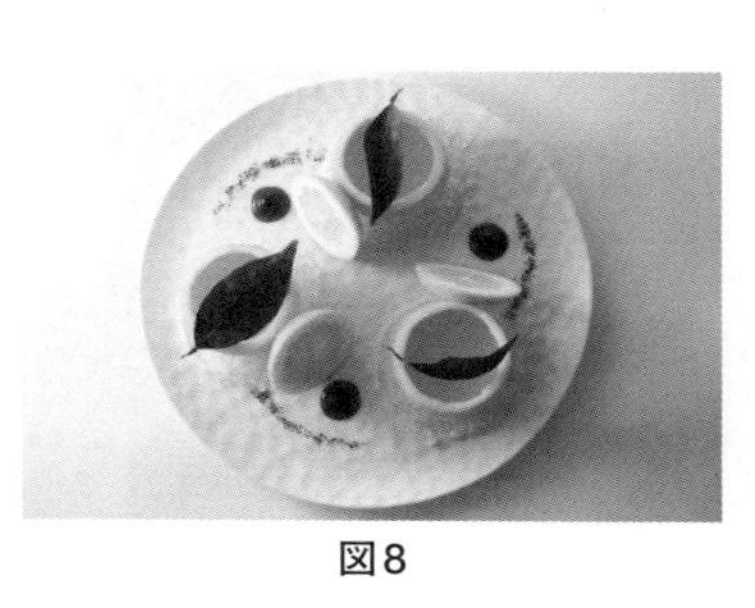

図8

図9

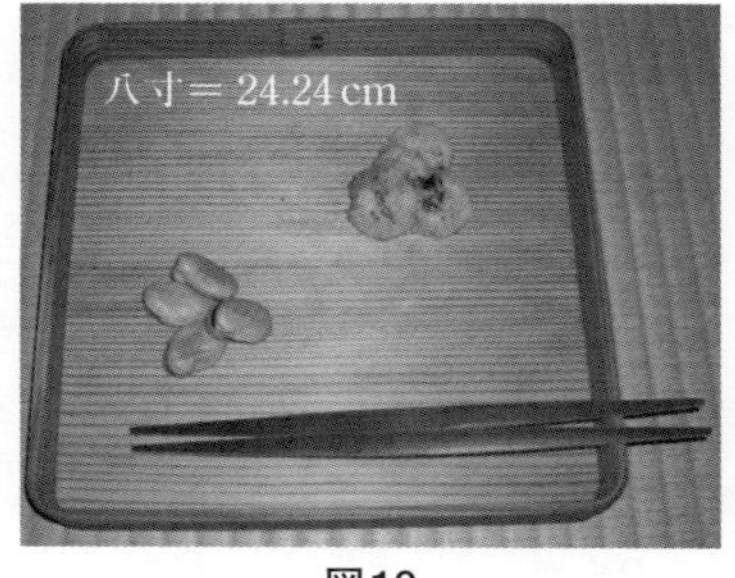

図10

ます。この八寸を半分に割って、半分に割って、半分に割ると一寸になります。この一寸がものを切るサイズになります。私たちは三センチメートルを基本に切っていき、並べます。また、三センチメートルを基本に長さを考えます。横幅も三センチメートルを基本に考えます。これが見立ての美学です。八寸を基調とした三センチメートルにそろえると、最終的にどういったものができるかというと、お金がとれるおせちです（**図11**）。おせちはすべて三センチメートルを基本につくられています。一辺が二一センチメートルであったり、二四センチメートル、二七センチメートルの折詰に盛られていますので、三センチメートルに切っておくと、たいがいのものを綺麗に詰めることができます。これが合理的な様式美です。日本料理の見立てとし

図11

ての一つの型ができあがります。八寸は、できる限り型をつくっていくというカテゴリーです。日本の気候も八寸に含まれます。春、夏、秋、冬で、湿度も気温もすべて違います。温暖であったり高温多湿であったりします。非常に寒冷でマイナス一八度まで下がる地域も日本にはあります。こういった気候の変化が、花や水、空気などの影響によって、私たちがどのようなものを食べたいかという趣向性につながっていきます。春分・立夏・冬至など二十四節気で分けて料理をつくっていきます。

日本料理にはさらに細かい七十二候があります。二十四節季を五日ずつ三つにわけて三六五日を七二に分けます。古代中国の二十四節気を、日本の風土にあうように変更して、七二候をうまく使い分け、日々かわる食材をコントロールしていきます。旬は十日ですから、それを半分の五日ずつに分けた期間で調理していくことになります。

神道、仏教から学ぶ

季節感プラス日本のオリジナルな冠婚葬祭といった様式美を、料理に必ず取り込みます。神道と仏教が日本料理のデザインに大きな役割を果たしました。宗教色をすべてとってしまうと日本料理のアイデンティティがなくなります。型の半分以上がなくなってしまいます。なんちゃって創作料理とかに見られるように様式美を失くしていくと、どんどん日本料理からはずれていきます。

神道から御神饌（ごしんせん）という考え方がでてきます。遠いところから馳せ参じてとってきたものを神様にお供えするということです。ご馳走という言葉があります。本来、御神饌は、ご馳走を神様と共食するという考え方からきています。そのため、一切合切自然にあるものは何を食べてもよく、神様に捧げるものは遠くから運んできたものを美学とするということが御神饌の考え方です。

それとは反対に、仏教は精進料理に代表されるがごとく、制限する美学です。なんでもこい、遠くから運んできたらいいというのではありません。精進料理はどちらかというとローカルフードです。地域にあるもの、身の回り半径三〇キロメートル以内のものを食べましょうというのが禅のこころです。行って帰ってこられる距離が三〇キロメートルといわれていますので、三〇キロメートルを足繁く通って、そこからとれるものを食べます。自分を中心とした半径三〇キロメートル以内の生態系を無駄にせず、合理的、物質的な効率を上げるように生活をしましょうというのが精進料理です。お肉や魚を食べないということではなく、食べるものを制限することで、ものの本質を見出そうという美学です。制限のなかで料理をつくることが精進料理から学ぶ大きな事例です。

もう一つ大切なことは、一般の私たちが日々行う歳時記です。お正月であったり雛祭り、

節句には特別のハレの食事があります。端午の節句には柏餅や粽を巻いて食べます。節目節目に身体の代謝機能をかえます。感覚を一旦かえてしまう季節の節目があり、節目の前には土用という日があります。土用の丑は夏場だけですが、土用は季節が始まる前にあります。土が移りゆく季節によって変化しようとしているときなので、土は触るなという土用の期間があるわけです。そういった季節の節目節目で、私たちは体内の調節機能を新しい季節に向かってコントロールしています。

長期の積層的な様式美を大きく踏襲し、自然と宗教観があいまって日本料理のデザインを大きく形づくっているのです。私たちはこの様式美をさまざまな角度から勉強し、それを記憶することで、八寸という表現の可能性を広げています。いろいろな季節の八寸が表現でき、それがなんとなく日本料理に見えるところから、自然・宗教観プラス積層的様式美をすべて認知することになろうかと思います。

二　お造り

お造りというジャンルも中国からはいってきましたが、現時点では日本特有のものです。このお造りができる日本料理の料理人は、フランス料理の有名なシェフの能力をはるかに超えます。これには理由があります。日本の海流と、亜熱帯から亜寒帯まで存在している日本の国土の位置関係が関係しています。環境が複雑であるがゆえに多くの種類の海の生態系を持っています。多様な魚介類が日本列島の近海に生息しています。魚介類の数が多いことが、日本料理の卓越したアイデンティティにつながっています。私たちが多く使う魚介類は三三〇種類です。毎日一種類ずつ食べても年間違う魚が食べられるくらいすさまじい魚種があります。それらの調理法を究めるだけで、フランス人のシェフを超えます。それだけの魚種を、煮る、炊く、焼く、蒸す、生といった五法を使いこなして調理するだけで、かなりの能力を必要とします。ですから、ほかのジャンルの料理と比べて日本料理を習熟するまでの期間が非常に長くなります。本当のプロフェッショナルになるには一五年ほどの年月がかかります。当然ですね。

鯛や甘鯛、伊勢エビ、ハモ、鮎、鮑それぞれの調理法があります。一つずつ覚えるには実地訓練しかありません。机の上で考えてできるものではありません。毎日やりたおさないと美味しいものはつくれません。お造りは、日本料理の食材の凄さを表現しているといえます。

なおかつ、**図12**はマイ包丁です。これだけの包丁の種類があります。それぞれの魚に適した包丁が存在します。それでないと切れないわけではありませんが、それで切ったほうが美味しいということです。それでたくさんの包丁が存在するのです。縄文時代、石器がつくられるようになってからものを切っていました。切るという作業は一緒ですが、それをいかに高度にしていくか。魚の調理法によって包丁を細分化することで、美味しさを追究したのがお造りです。

和包丁には、本焼き包丁と合わせ包丁があり、和包丁は全般に片歯の形になっています。和包丁は、くさび型の洋包丁と比較して、できるだけ鋭角になるようにつくられています。

包丁で引いたとき切りやすいのは、包丁の先がギザギザに鋸のようになっているから切れるともいえますが、歯の当たっている部分の摩擦熱が上昇して分子が剥がれや

図12

すくなっているとも考えられます。何ミクロンという世界で鋸のようになっているのですが、上手に包丁を研ぐとガタガタが細かくなるのでよく切れます。

お造りは、多種多様な魚プラス高度な切る技術が相まってできています。鮮度のよい魚と上手な腕がうまくミクスチャーされて存在する献立です。

三　御椀

御椀は日本料理において一番重要な役割を持っています。これはネーミングが不思議です。ほかは蒸し物とか焼き物、煮物とかいう調理に関する名前なのに、これだけは御椀という器の名前です。御椀自体が温度を保持し、蓋をするので香りも保持ができます。また、直接口に当てても熱くなく、酸や塩に強い、耐水性、抗菌性もあります。この器がないと御椀の美味しさは半減してしまいます。私たちはおだしを飲むときには御椀を使うことが決まっています。御椀が煮物椀の別名になりました。

だしは日本料理のベースとなる風味であり、吸物や野菜の煮物、だし巻卵に用いるなど、さまざまな料理において基本的な風味を形成します。だしの素材となるものは、鰹節、昆布、しいたけ、煮干しなどいろいろありますが、私たちが使うのは昆布と鰹節です。どうして、鰹節と昆布になったのでしょうか。

それには理由があります。それが一番優れていたからです。昆布は、二～三年のものを採取し、半日ほど天日干しして乾燥したものを用います。なおかつ、京料理では、蔵囲いと呼ばれる方法で二年以上暗冷所で寝かした昆布を用いることが多くなっています。鰹節は、本枯節、特によいだしを引くときには、鹿児島県枕崎の近海物の釣りの鰹節を使います。この鰹節を薄く削ることで表面積を増やし、ごく短時間でだしを引き出します。鰹節のほかに、まぐろ節やさば節などを利用する料亭もあります。

ここ最近でだしの引き方が完全にかわりました。一番だしの引き方には重要なファクターが三つあります。水の硬度と、昆布からのうま味成分の抽出温度と時間、鰹節からのうま味成分の抽出温度と時間です。まず、水の硬度は四〇～五五度です。これは経験済みです。四〇度を下がると、だしが白濁します。五五度以上になると、昆布のだしがでません。硬度はそろえておきます。なおかつ、昆布のうまみ成分を六〇～六五度で、一時間から二時間かけて抽出します。そして、味を確認してから昆布を引き上げます。次に、沸騰させずに九〇度で鰹節を投入し、一〇〇度にすることなく鰹節のエキスを抽出します。鰹節から赤の色素が抜けて火が通ったら漉します。

だしの成分を分析すると（図13）、西洋のだしと中国のだしとアミノ酸分布がまったく違います。一番だしは、昆布だしプラス鰹節を入れたものですから、アスパラギン酸とグルタミン酸、ヒスチジン酸とイノシン酸という四種類のアミノ酸だけが突出します。和のだしは、これをわざわざ狙っています。海外の料理は多重重厚的なだしで、いろいろなアミノ酸が含まれているため、なにを入れても同じ味になります。チキンブイヨンで蕪を炊いても、チキンブイヨンで大根を炊いてもまったく同じ味になります。上湯（しゃんたん）は特にそうです。しかし、蕪を炊く、もしくは大根

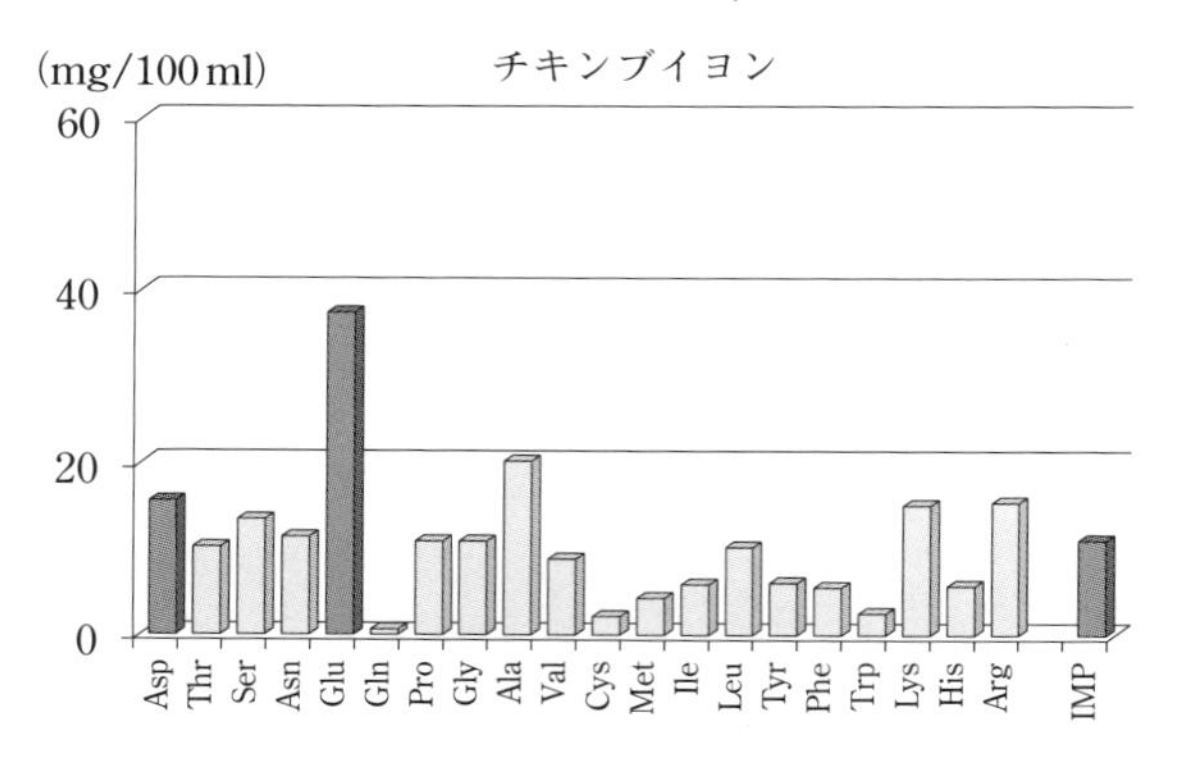

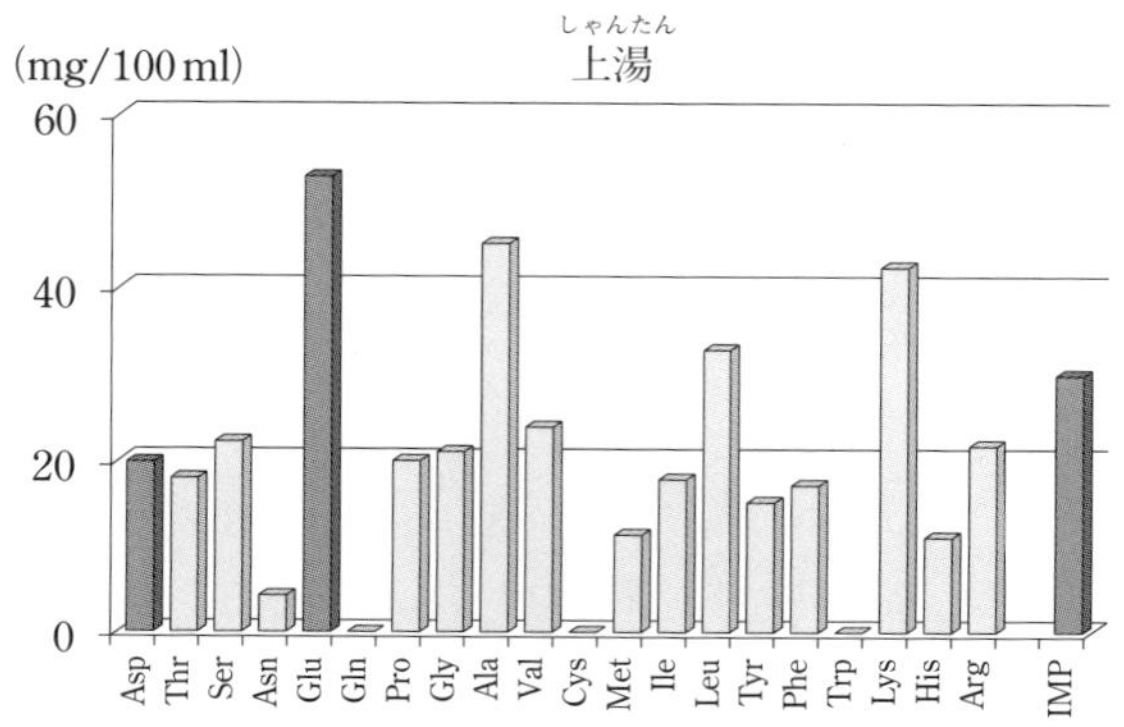

図13　各種だし中のアミノ酸とイノシン酸（Ninomiya K, 2010）
資料提供：NPO法人うま味インフォメーションセンター

の産地をかえるだけで味がかわるといった特性を求めて、わざわざ一番だしをつくってきました。賢いです。当然ながら、一番だしより昆布だしのほうがよりいっそう万物にあい、万物の美味しさを底上げしてくれます。あくまでも、だしは素材の持ち味を引き出すためのものです。

最近の研究では、味とともに大事なのが香りです。昆布に含まれる香りのなかには抹茶、ほうじ

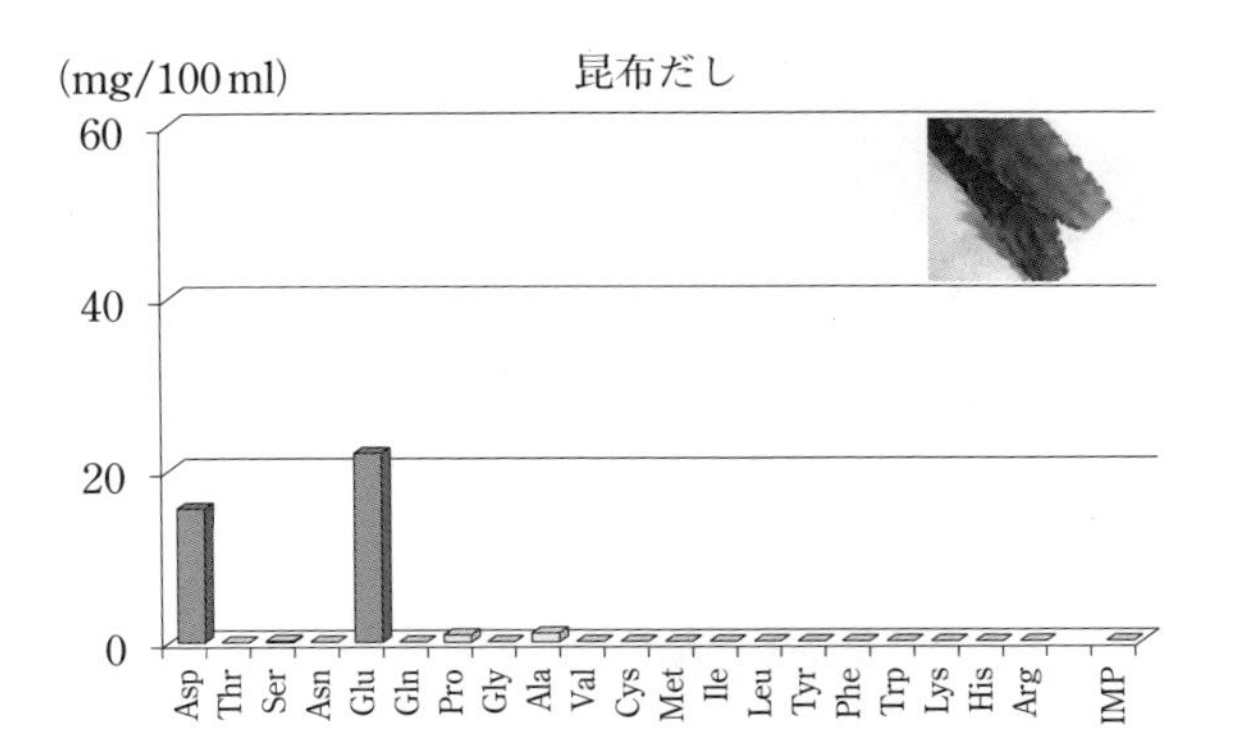

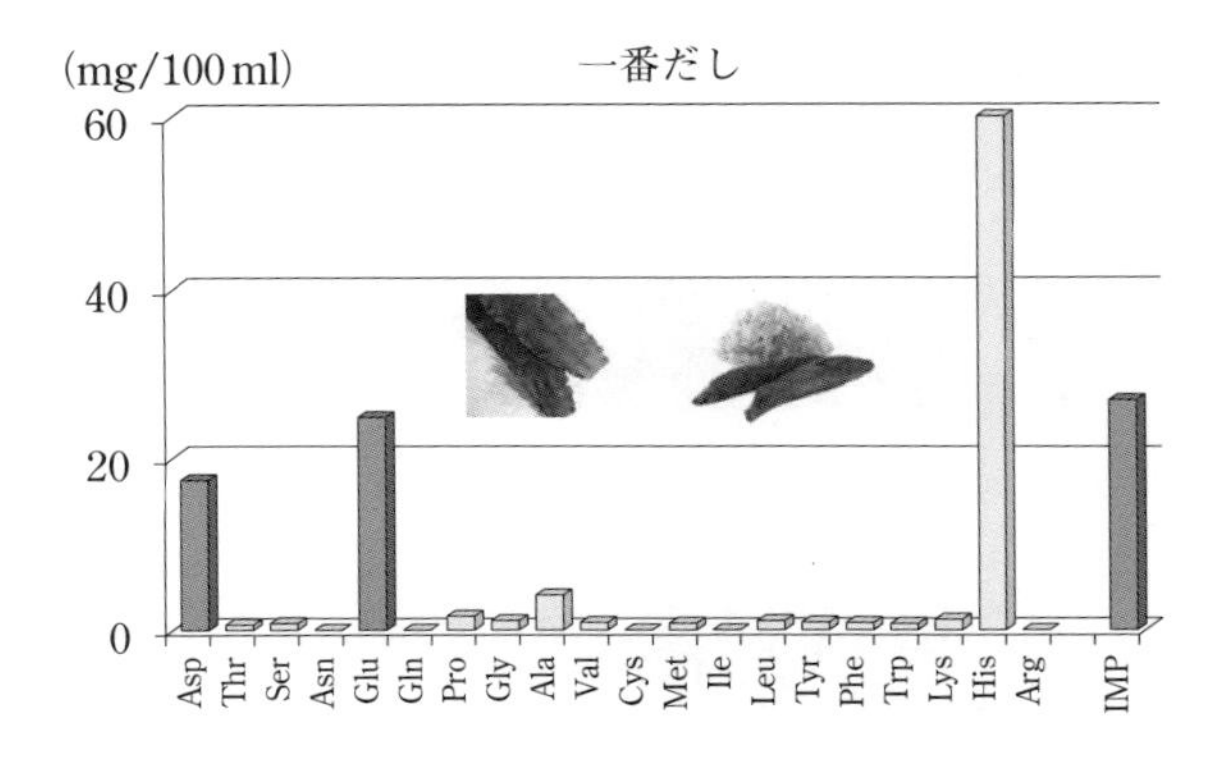

茶、鼈甲生姜、洋梨、焼いた餅、セロリ、キンモクセイの香り成分まで含まれています。香木の伽羅（沈香）の香りもはいっています。鰹節のなかにはトウモロコシ、綿菓子、瓜、チョコレート、みたらし団子の蜜のような香りと、ニッキ、シナモンといった香りまではいっています。だしは、味と香りが相乗効果をもたらしています。

四　焼物

焼物はもっとも原始的な調理法です。人類が火を使うようになってから焼き物は確立しています。何万年という世界になってきますから、それをどう高度化するか。ただ焼いただけのものを、お金をとれるようにします。たとえば、養殖の鮎が一匹二百円くらいとすれば、だいたい六百円くらいで売らなあかん。六百円くらいで売るようにするにはどのようにすればよいかを、寝ずに考えるわけです。そうすると、おのずと答えがでてきます。

炭が開発されたのは奈良時代ころです。炭技術によって焼く技術が高度化し、奈良時代以降、革命的に美味しくなりました。備長炭を用いると遠赤外線の効果で、外はかりっと、内部がふっくらと焼きあげることができます。そのなかでも熱量の問題が大きいのですが、熱量からいうと、ガス火が約三五〇度、電気グリラーが約六〇〇度、備長炭は九〇〇度から一千度で、熱源の強さが違います。熱源の熱量を大きくすることで香気成分がまったくかわることが大きな革命でした。ガス機で焼くのと、電気グリラーで焼くのと、炭火で焼いたものでは、やっぱり炭火が一番美味しい。炭火の香りが美味しいといわれますが、炭に香りはありません。炭の香りは伝達しません。炭火に落ちた脂がくすぶって燃えた香りの燻製香が再度焼き物に移っていくので、その相乗効果で美味しくなっているということです。しょ糖が熱で分解して果糖とブドウ糖になる反応と、アミノカルボニル反応といって、糖とアミノ酸が反応して香気成分をだすという二つの反応が同時に起こっているのです。低温で焼いたときのアルデヒド系の魚の生臭い香りは、炭焼きでは一切でません。低温で焼くとトリメチルアミンの魚の生臭さやアクロレインという有毒ガスなどが発生しますが、九〇〇度の温度帯では私たちが非常に好ましいと思うビラジン類、ピロール類の香りがどんどん生成されるので、炭火焼きは美味しくなるということです。

炭を上手に使い、できる限り生臭い香りをださない。そして炭に直接落とす部分もありながら薫香をつけて、上手に色よく仕上げることが、焼き物の技術です。そう考えると、鮎を焼くのはすさまじく難しいんです。頭をカリッと仕上げ、内臓部分にはそこそこ火を通さなければいけませんし、尻尾は火が通りやすいのであまり火をあてたらパサパサになります。全然違う三か所を、上手に炭火の位置を配置することで料理する必要があります。美味しく焼こうとすれば、非常に難しいいんです。

五　揚げ物

天ぷら、揚げ物は、考え方からいうと日本料理ではありません。ごり押しではいってきたものです。質量とカロリーのバランスから考えても、けっこう脂っぽいので、私たちは天ぷら、揚げ物を献立に入れたり、入れなかったりします。

揚げ物は、奈良時代、鎌倉時代、戦国時代という三つの機会に、ある意味、洗脳的にはいってきました。奈良時代に、神に捧げる「唐菓子」が最初にはいってきました。鎌倉時代には、豆腐やがんもどきといった揚げ物が精進料理のなかにはいってきます。戦国時代には、キリスト教と長崎の出島からはいってきた卓袱料理とともに揚げ物がはいってきました。それによってなんとなく日本料理のなかに同化してきたわけです。日本文化への刷り込みが行われてきました。他のカテゴリーよりかなり異質な、ちょっと異文化を感じる献立の一つとなっています。

これをどう日本料理として着地点を見出すかというと、私たちは揚げ物は特殊な蒸し物であると理解します。油脂分の含有量を極力少なくするために、素材への火の通りと、衣の着色の時間を制御します。素材に完全に火が通りながら、衣をパリッとさせ、なかの水蒸気によって加熱します。温度が低いと油をどんどん吸っていくので、できる限り高温で揚げます。ただし、高温で揚げすぎると着色が早く、火が通りません。油の温度をコントロールして小麦粉の皮でつくられた蒸し物をつくっていくという発想です。蒸しと揚げを連結させることで、食文化として高度な立ち位置に持っていきました。それまでのものは油分が多く、重い食べ物でした。江戸前の天ぷらもそうですが、できるかぎり油脂分の含有量を少なくすることに注視して料理をつくってきました。

車海老を揚げるときは、衣はやや濃いめにして、粉を打ってから一八〇度で揚げます。頭は粉を打って衣をつけずに一九〇度で揚げます。穴子の場合は衣はやや薄めにして、いったん一九〇度で外側を固めてから、一八〇度でじっくりなかの水分で蒸して味を濃縮させていきます。白魚は、いったん粉を打ちます。非常に淡泊な魚ですので、水溶きの小麦粉の衣は非常に薄い状態で、一八〇度で一匹ずつばらして揚げ、衣がカチッと固まる前の時点でがさっと寄せて、それから色がつかないよう一七〇度で揚げます。素材によって、どのように細かな温度帯で管理するかを決めて揚げ物を高度化させていくわけです。

図14

六　焚合

焚合は、野菜基調でつくるものです。**図14**は、一般的にがんもどきといわれる飛龍頭（ひろうず）と菊に抜いた蕪、シメジと湯葉の焚合です。大豆食品がけっこう多く、季節のお野菜でつくります。焚合は野菜の料理ですから、土の恵みを表現しています。いまどういった野菜が旬か、日本にどれくらいの野菜があるか、野菜の種類の豊富さのダイナミズムを表現するのが焚合です。日本には一五五種類ほどの野菜があります。ただし、茄子一つをとっても、賀茂茄子があって、千両茄子、小茄子、米茄子、水茄子がありますので野菜全体では六百種類以上になります。一日に二つの野菜を食べても食べきれないくらいの種類があります。

もともと縄文時代には七つか八つくらいの山野草しかありませんでした。キノコや山椒、セリ、蕗、ウド、ワサビ、栃の実といったものしか日本にはなかったのです。しかし、奈良時代には茄子や葱がはいってきて、室町時代には大根が、戦国時代には人参、胡瓜、南瓜、それから江戸時代にはインゲンマメ、蓮根、ゴボウ、キャベツなどが、明治時代にはタマネギ、オクラ、トウモロコシ、昭和にはいってから白菜がはいってきました。白菜は皆さんお鍋などで使われますが、これはチャイニーズキャベッジで歴史はあまり古くありませんが、白菜は上手に日本に溶け込んでいます。

もう一つ先人が賢いのは、四季の野菜を上手につくったことです。春には、身体の栄養素として、食物繊維が多かったり、苦味があるもの、整腸作用を整える野菜が多く、夏には身体を冷やすものと温めるものが多くあります。秋口には根菜類が多く、冬場には身体を芯から温めるようなものが多くなるように考えて植えています。ですから、竹の子を京都ではどこに植えたかというと、わざわざ赤松林を伐採して竹林にしてとっています。必要不可欠の野菜を時期と場所を選んでつくってきました。

そうなると、必然的に煮物の調理法がやたらとふえます。野菜が多いため、その野菜の特性に応じて煮方をかえます。色をとめるような工夫があったり、ゆっくりと含ませたり、型崩れがないように煮たりと、野菜を中心に煮物の調理法がどんどん深化していきます。たとえば、「煮含め」と「含め煮」、これなんですのん、みたいなことになります。煮て含めるのと、含めて煮るのとどっちですのんという話です。これはまったく違います。煮含めというのは、大根とか蕪を焚くとき、煮ながら調味料を少しずつ加えていって煮て含めていくので煮含めです。含め煮の場合は、蛸とか硬くなりやすいものを焚くとき、調味液をつくって、そこに蛸を入れます。だいたい霜降りしてから焚くのですが、入れて沸いたら蛸をとりだし、煮汁を冷まして、冷めた煮汁に再度蛸を漬けます。これを、含め煮といいます。味を含めることを主体としているので、煮ることがあとでできます。このように、調理法を素材素材によってかえます。お野菜も含め煮もありますが、基本野菜を焚くところから調理法がどんどん分化していったといえます。

七　御飯

これから松茸御飯が美味しくなります。当店では、金色のお釜でおだししております。日本の米は世界の米の一部です。世界には大きく、インディカ種、ジャポニカ種、ジャバニカ種があり、それぞれに適した調理法があります。もしくは、その地域に育ちやすいお米が調理法を確立していきました。私たちは短粒米を使っています。

インディカ種は、どちらかというとアミロースを多く含んでいるのでパサパサしています。ジャポニカ米はある程度アミノペプチンがはいっていてネバネバとしています。ジャバニカ米は、大粒で少し粘りがあり、大粒ですので、焚いたとき芯がでやすいのでリゾットなどに向いています。イタリア、スペインに向いているような米の種類になります。

米によって焚き干し法、湯取り法、炒め炊き法と調理法がかわっています。中国や日本、韓国で用いられている炊き干し法では、吸水させてから炊飯して蒸らします。東南アジアなどの調理法である湯取り法は、インディカ種を短時間炊飯してから、洗浄して蒸します。水のあまり綺麗でない地域では、最後に蒸す作業で殺菌することが多くなっています。ですからアジア圏は水があまりきれいでないので、最終的に蒸気で火を通す調理法が多くなっています。

炒め炊き法はピラフです。炒めてスープで煮て、蒸します。パエリアやリゾットといった炊き方です。

日本は非常に水が綺麗であることから、水をそのまま吸水させたものを、蒸し煮といえども水に浸かった状態で炊きあげます。これはそうとう水が綺麗でないとできない炊き方です。

白御飯は日本教

私自身は白御飯は日本教やと思っています。皆さんも、はっきりいってすごくマニアだと思います。コシヒカリが好きやとか、キララ365が好き、ササニシキが好き、私はブレンドが好きとか、白いお米にやたらうるさい。海外でそんな人、誰もいません。これ日本人の宗教です。白御飯と一緒に辛いものを食べます。漬け物が好きな人、イカの塩辛が好きな人、非常に塩っ辛いものと合いやすく、塩辛いものと一緒に糖を食べたら、当然胃の膜電位が保たれるので、ナトリウムがはいると非常に吸収が進みます。塩と白御飯の組合せは日本人のなかでは喜ばれます。ただし、日本料理が海外にだいぶ伝わったのでだしの美味しさもわかりますが、海外の方はまだ白御飯の美味しさはわかっていません。まだ日本教に染まっていないんですね。まだまだ布教が足りません。布教活動が足りないので私たちは海外にいって日本食を伝えているわけです。ある意味、最後に御飯を食べるのは宗教ですから、できるかぎり世界の人たちに日本教を伝えたいと思っています。

白御飯は茶懐石の食べ方が一番もっともおいしい食べ方です。茶懐石は、お造りのようなものを向こうに置いて、手前に御飯と汁物を置いて食べていきます。一汁三菜の基本になっています。

その御飯のだし方ですが、茶懐石では釜で御飯を炊いて、炊きあがり二〇分、まだ蒸らす前の煮あげの水分が引かない状態のお米を、杓文字で掬い、混ぜることなく黒い塗の御椀に入れて召し上がっていただきます。この方法の利点は、お米がそれほど甘くないことです。甘くありませんが、香りが一番充満しています。つきたての餅の香り、米本来の香り、水の味わいが一番わかりやすい状態です。お米のよさの香りを表現する、香りの美味しさを楽しむ、特に新米は香りですから、そういうものを表現します。

途中でも、御飯をだします。それはちゃんと蒸らし、天地を返して、火が通りやすかったところと通りにくかったところをうまく混ぜて蒸らしなおし、お櫃でだします。これは本来の御飯の甘さと食感、それから攪拌することで米と米のあいだに香りが充満しますから食べたときのほどよい香りを楽しみます。そのあと、御飯が空っぽになってもお釜にお焦げがついていますので、それを剥がれやすいようにお湯を注ぎ、少しの塩を入れて湯桶(ゆとう)として食べます。そのなかには最後まで食べきるという精進料理の考え方が含まれています。御飯を食べるなかにも鎌倉時代、室町時代、江戸時代からの創意工夫が凝縮されています。それ自体が日本料理の骨格となっています。それを崩してしまうと日本料理でなくなります。白御飯は、日本料理のシンボリックなイメージをつくる一つの要素です。

料理人の思考回路

それから、私たちはお金をいただくために、さらに高付加価値をつける努力をします。食環境を整えるわけです。京都にはなんとなく金閣寺のイメージがあったり、平安神宮のイメージがあったりします。京都というイメージと視覚のイメージを持ちながら当店に来ていただきます。そこで、京都という背景、これも美味しいやろうなというイメージで、なんとなく高級感をだした入り口に仕立てています（図15）。下品な話ですが、この入り口だけでも七千万円かかっています。木は、自慢じゃあないですが、京都迎賓館の数寄屋建築をつくったときの木の残りです。このように仕

図15

立てて、風情を保ちながら料理をおだしします。

料理そのものの実態の存在する立位置を明確にしたいと思います。わかりやすいことでいうと鰻丼がありますよね。鰻丼は、鰻があって御飯があって、鰻のたれ、鰻屋さん、パタパタ鰻の香りをだす団扇があって、そのものを単純化して鰻丼にクローズアップして食べます。私たちがつくる料理はそうではなくてクローズアップした鰻からいかに離れるかなのです。鰻を食べたことを忘れさせるようにすることです。私とこの場合は、鯖寿司はわざわざ聖護院蕪、千枚漬けで巻いておだしします。実態の鯖寿司を、さらに表現をかえていくことを重視します。それがどんどん高度な文化になり、どう表現するかが料理人の能力になります。

図16にも型があります。奥が高く、手前が低く、左が高くて右が低いことが日本料理型で決まっています。この型が大事です。この型は料理だけで使われるわけではありません。能楽の型、狂言の型、お茶の点前、香道、華道、茶懐石、日常にあるものすべての型が共通しております。その合理性と用の美を、それぞれがそれぞれの垣根を越えて連携することで、料理の型がどんどんふえていきます。なので、お茶の方と喋っていても、香道の人としゃべっていても、型はほとんど同じなので、それを共通項とすることができます。そこで、料理の型が崩れてくると、お能の先生から「それちょっと型が崩れているよ」と。お寺さんに

図16

精進料理をだすと、「これは前後反対や。紙の奉書の敷方も逆や」と教えていただけます。私たちが忘れていることは他のジャンルの型を持っている伝統文化の方々から教えていただくことで、型を守りつつ新しいものをつくっていこうとしています。

京料理に携わる料理人の思考回路は、感覚的にもいろいろな方々との連携をとりながら、技術のレベルを上げていって、反復することで形づくられていきます。料理は修業といいます。できる限り自分自身に高ストレスを与えます。五分でできた仕事を、その次の日には四分五五秒でやろう。四分五五秒でやりながらも精度は同じと。それから一つの仕事をやりながら違う仕事をできるようにします。聖徳太子のようなもんです。二つ仕事ができればもう一つ同時にできるようにするようにして、どんどん自分のスキルを上げていきます。これは感覚を上げるということと、最近はどうしたら美味しいものができるかという論理性との両極で食を洗練させるようにしていきます。技術と智恵を結集させたものが、料理人の思考力、思考回路です。ですので、私の店に食べに来られても、一万五千円、二万円、高いなあと思わんと、これやったら安いやん、と思って来ていただければ嬉しいです。ご清聴ありがとうございました。

質疑応答

司会＝樋口　輝彦

樋口●相当企業秘密が盗まれたのではないでしょうか。京料理の型といいますか奥の深さをあらためて感じさせていただいたすばらしいお話でした。ここで、ご質問をいくつかいただいておりますので、この機会に是非伺わせていただきたいと思います。「次の世代に伝えることは、どうされているのでしょうか」

髙橋●私にも子どもが二人おりますが、食の継承はとても大事なことです。これにはあるメカニズムがあります。私たちは他の料理屋さんの御主人、一五年上、二〇年上の方にさまざまなことを教えていただいています。次世代に伝えるということは、世代が違うものへの伝承が一番綺麗です。いま私は四七歳ですが、二〇代の料理屋の若主人を育てています。その時代のスターといいますか、能力が高いもの、今後芽がでてきそうな人物を選んで、次の世代のトップリーダーになるような人材を育てていくシステムが京都では組まれています。いつの時代にも五人くらい有名なシェフが京都にはおり、その五人が次の五人を育てるようになっています。ですから、一般の方々の子どもさんたちに伝える食にも、そのようなメカニズムが必要です。私たちはいろいろな食育活動をしますが、なかなか伝わりません。ですからそういうメカニズムは、切り接ぎでもっていてもまったく無意味なので、サイクルといいますかシステムを長い年月をかけてつくっていくことは大事だと思います。

樋口●日本食、和食のなかで、生野菜についてはどのようにお考えでしょうか。

髙橋●それは奥行きがでません。調理というのは、理を計るということです。生のお野菜自体をそのままだすのは、調理をしていないということです。ドレッシングをかける行為をしても、完全に味とものが分離をしています。私たちはどうアプローチできるかという方法論がないものについては、調理といいません。サラダといったキーワードも、生野菜にちょっと塩をあてるとか、少し塩を入れて五〇度くらいで火を入れて硬いまま調理をするとか、ある程度味とか香りを浸漬させてから使うようにして、そのものがより引き立つように下支えしてあげることが大事です。そのまま使うというアプローチはゼロですね。

樋口●グローバル化で新しい食物や調理法が海外からはいってきますが、どのように伝統を守りながら、日本料理に新しい食材、調理法を取り込んでいくのでしょうか。

髙橋●これは洗脳することとです。情報発信です。さきほど野菜をいろいろだしました。昭和にはいってきているのに、すでに日本の野菜として固定化されているものがあります。これは巧みな情報発信しかないです。そのかわり、日本の型にはめ込むことも大切です。たとえば、ラーメンは、日本料理だと思いますか。カレーライスは、日本料理だと思いますか。

ぽちゃっとしている方はラーメンのおだしを半分くらいまで飲まれますね。私はあまり飲みません。日本料理の型でいうと、全部飲みきれれば日本料理になります。精進料理の考え方から、残渣をださないのが日本料理です。万物に屑はありませんから、飲み残すこと自体不本意なわけです。ラーメンはまだ日本料理になってないんです。飲みきれるようなラーメンになったら日本料理になります。カレーライスも、最後に福神漬けではなく沢庵で綺麗にぬぐい去れるようになると日本料理になります。型がありますので、両方とも日本料理ではありません。きたなくお皿にカレーが残っているあいだは日本料理ではないのです。

脳を知る　Ⅱ章

口のなかで辛みと温度を感じるメカニズム

自然科学研究機構岡崎統合バイオサイエンスセンター教授
富永　真琴

味覚を感じる機構

感覚とは視覚、聴覚、触覚、味覚、嗅覚のいわゆる五感ですが、そのなかで本日のテーマは味覚です。私たちは、美味しくないものを食べて不快に思うことも、美味しいものを食べると幸せになることもあります。私が研究している温度に関していうと、寒い冬に温かいスープを飲むと幸せになります。今年も非常に暑い夏でしたが、夏に冷たいアイスクリームを食べると幸せな感覚をもちます。

人の舌には複数種の乳頭という器官があり、乳頭のあいだにあるトレンチという溝に水に溶けた味物質がはいると、味物質がタマネギ型の味蕾の味孔にはいって、味覚受容体を刺激することで味覚が生じます。そして、比較的舌の前のほうに鼓索神経が、舌のうしろのほうに舌咽神経があって、舌で感じた味覚を脳に伝えています。

甘味、うま味、苦味、酸味、塩味が基本五味です。最近はカルシウムの味、脂の味もあり、その受容体も明らかになりつつありますが、甘味とうま味と苦味はGたんぱく質共役型受容体が、酸味と塩味は真ん中に穴があいていてイオンを通すイオンチャネルがかかわっていると一般的には考えられています。

喉でも私たちは味を感じます。喉には別の脳神経が発現していて脳に味覚を伝えています。脳で、味を感じるとともにその味が美味しいか、快であるか不快であるかを認識しています。

タマネギ型の味蕾では、一つの細胞がおおむね一つの味に特化しています。味細胞には味神経があり、これによって私たちは味を感じます。一つの味細胞から一つの種類の神経に味の情報が伝達され味を感じていると考えられています。

ところが、口腔内の感覚は味細胞だけで得られるわけではありません。皆さんよくご存じの三叉神経は、第Ｖ脳神経とも呼ばれ、脳神経のなかの最大の神経で、その名の通り三つに分かれます。眼に達する眼神経、上顎に達する上顎神経、下顎に達する下顎神経です。この下顎神経も口腔内の感覚にかかわっています。三叉神経は味蕾を取り囲むように分布しています。

ちなみに、辛みは、ラー油でご存じの通り油に溶けやすく、簡単に上皮細胞を通り抜けて神経まで到達します。そのため、辛いものを食べたとき、すぐに辛いと感じるのではなく、〇・五秒とか一秒後に感じます。つまり、味覚と辛みはまったく違う感覚です。辛みは痛みに近い感覚です。そのため、私たちは、辛みの「み」に「味」という漢字をあてません。

辛みを感知する脳のメカニズム

　では、辛みは三叉神経でどのように感じられるのでしょうか。感覚神経の端には、イオンチャネルという真ん中にイオンを通す穴のあるたんぱく質が油でできた細胞膜に発現しています（**図1**）。辛み刺激を感知して細胞外に多く存在するナトリウムイオンやカルシウムイオンが細胞内に流入すると、神経細胞は興奮します。感覚神経細胞は多くの細胞と同じように、細胞膜の外と内で電位差があり、細胞外が○ミリボルトのときの細胞内の電位を静止膜電位といいます。この細胞内の電位が、細胞外から正電荷が流入すると小さくなります（脱分極という）。この脱分極を感じて別のイオンチャネルが開いて、さらに細胞内に多くのナトリウムイオンが流入すると活動電位が発生します。活動電位が発生したことを、私たちは「神経細胞が興奮した」「発火した」と

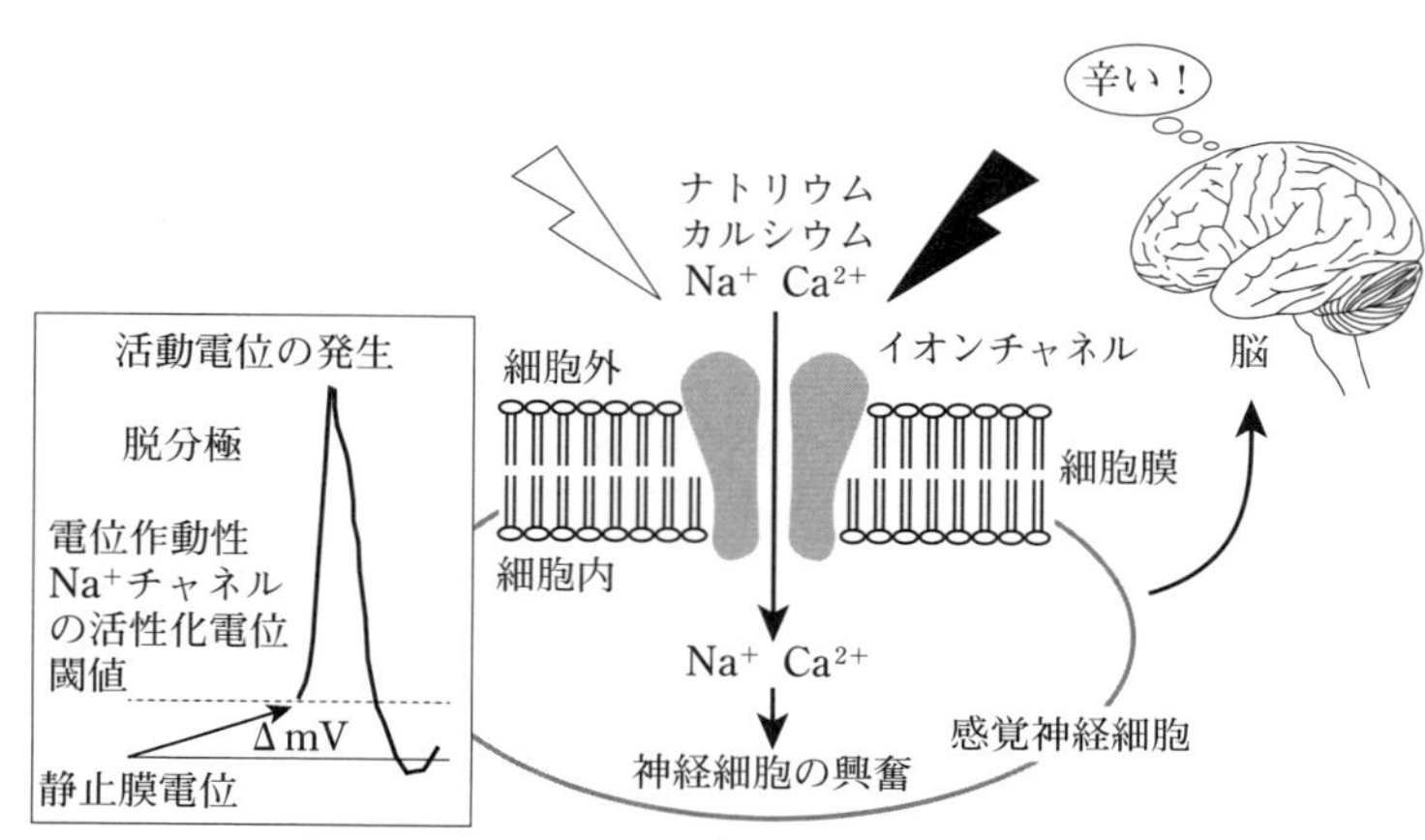

図1　感覚神経で辛み刺激が電気信号に変換されるメカニズム

表現します。こうして辛み刺激は電気信号に変換され、電気信号が脳に伝わって、私たちは辛いと感じることになります。

ここで、私が研究しているイオンチャネルを一つ紹介します。**図2**は、膜トポロジーモデルといって、一つのサブユニットがどんなかたちで細胞膜に埋まっているかを示しています。最初の分子はかなり昔、一九八九年にショウジョウバエの眼の光受容体に変異を起こさせる原因遺伝子のコードするたんぱく質として同定され、光刺激に対して受容器電位（receptor potential）が一過性（transient）であることから、TRPチャネルと名付けられました。一つのサブユニットが六個の膜貫通領域を有し、第五、第六膜貫通領域のあいだに穴を

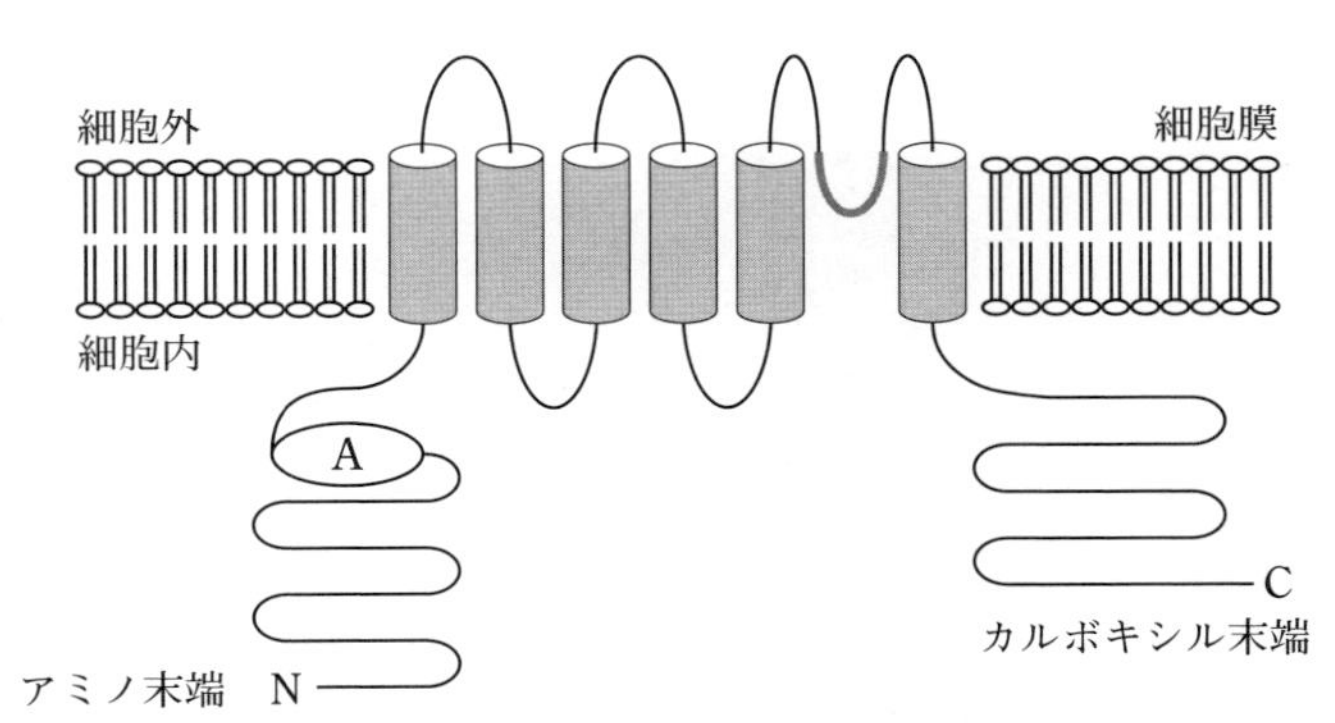

・最初の分子はショウジョウバエの眼の光受容器変異体の原因遺伝子のコードするたんぱく質として同定され、光刺激に対して受容器電位（receptor potential）が一過性（transient）であることから、TRPと名付けられました。
・6回の膜貫通領域を有し、第5、第6膜貫通領域のあいだに穴を形成する短い疎水性ドメインがあります。
・4量体で機能的なチャネルを形成します。
・非選択性陽イオンチャネルとして機能し、高いCa^{2+}透過性を有します。

図2　TRPチャネルの膜トポロジーモデル

形成する短い疎水性ドメインがあります。このサブユニットが四つ集まって機能的なチャネルを形成しています。多くは細胞外から細胞内にナトリウムイオンやカルシウムイオンを流入させるイオンチャネルとして機能しています。

温度を感知するイオンチャネルと味覚

多くのたんぱく質は、進化系統樹を書くことができます（**図3**）。この図で〇・五と書いてあるのは、〇・五回のアミノ酸置換が起こったことを表しています。つまり、一千のアミノ酸で形成されたたんぱく質があったら、五つのアミノ酸置換が起こる距離がそれぞれのアミノ酸たんぱく質でどれくらい違っているかをこの図は示して

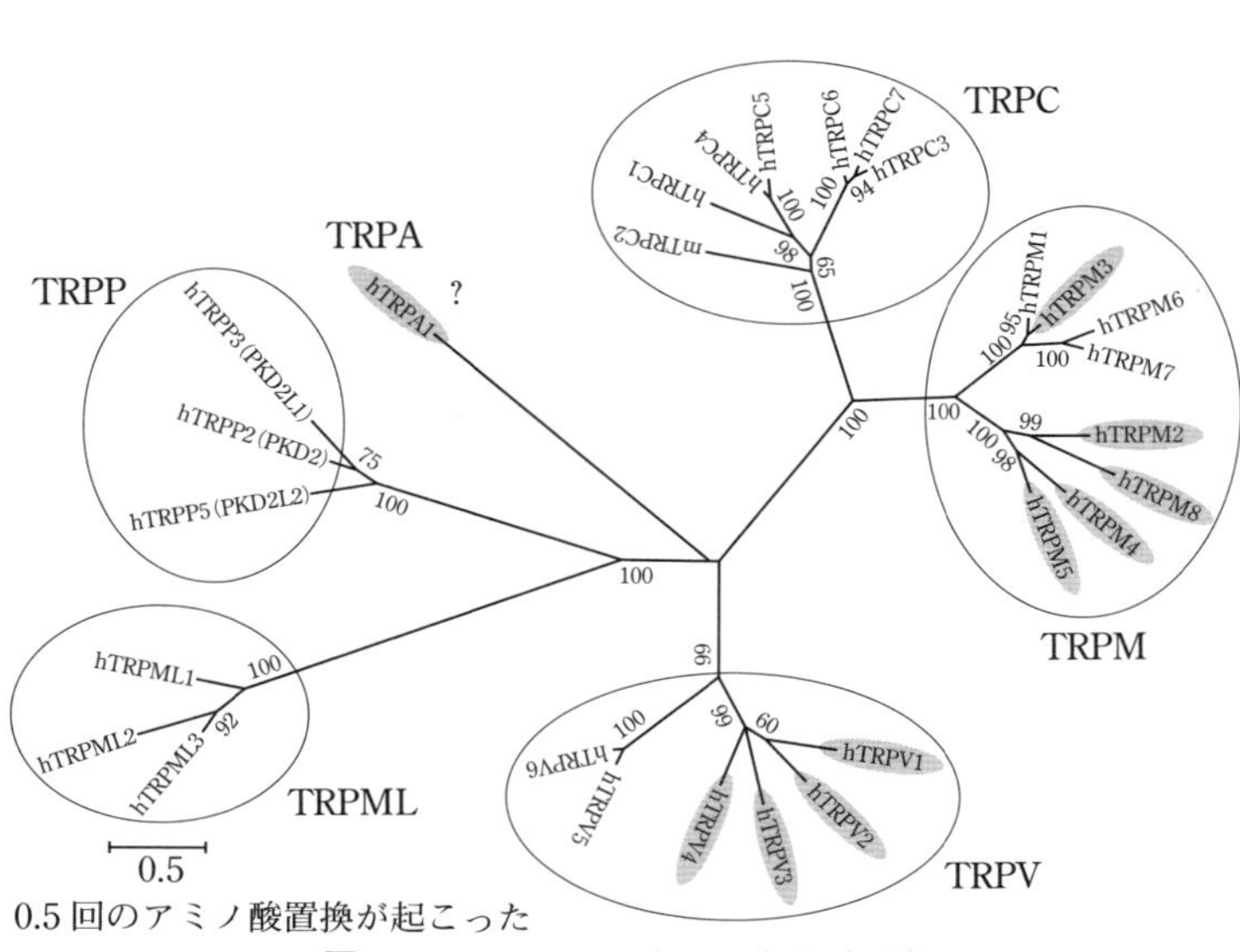

図3　ヒトTRPチャネルの進化系統樹
6つのサブファミリーに27のチャネルがある。

います。この進化系統樹から、ヒトのTRPチャネルは六つのサブファミリーに分かれ、二七個のチャネルがあることがわかります。このなかの一〇のチャネルが、温度を感じて開きます。ただし、そのなかのTRPA1はヒトで温度を感じるかどうかは明らかではありません。

この一〇のチャネルを横に並べると**図4**のようになります。皆さんがトウガラシを食べると口のなかがカッカすると思いますが、トウガラシの辛み成分であるカプサイシンが作用する受容体（TRPV1）は、熱の受容体としても機能します。

今年も暑い夏でした。皆さんもお風呂でたくさんメントールのはいったボディソープをお使いになったことと思います。ハッ

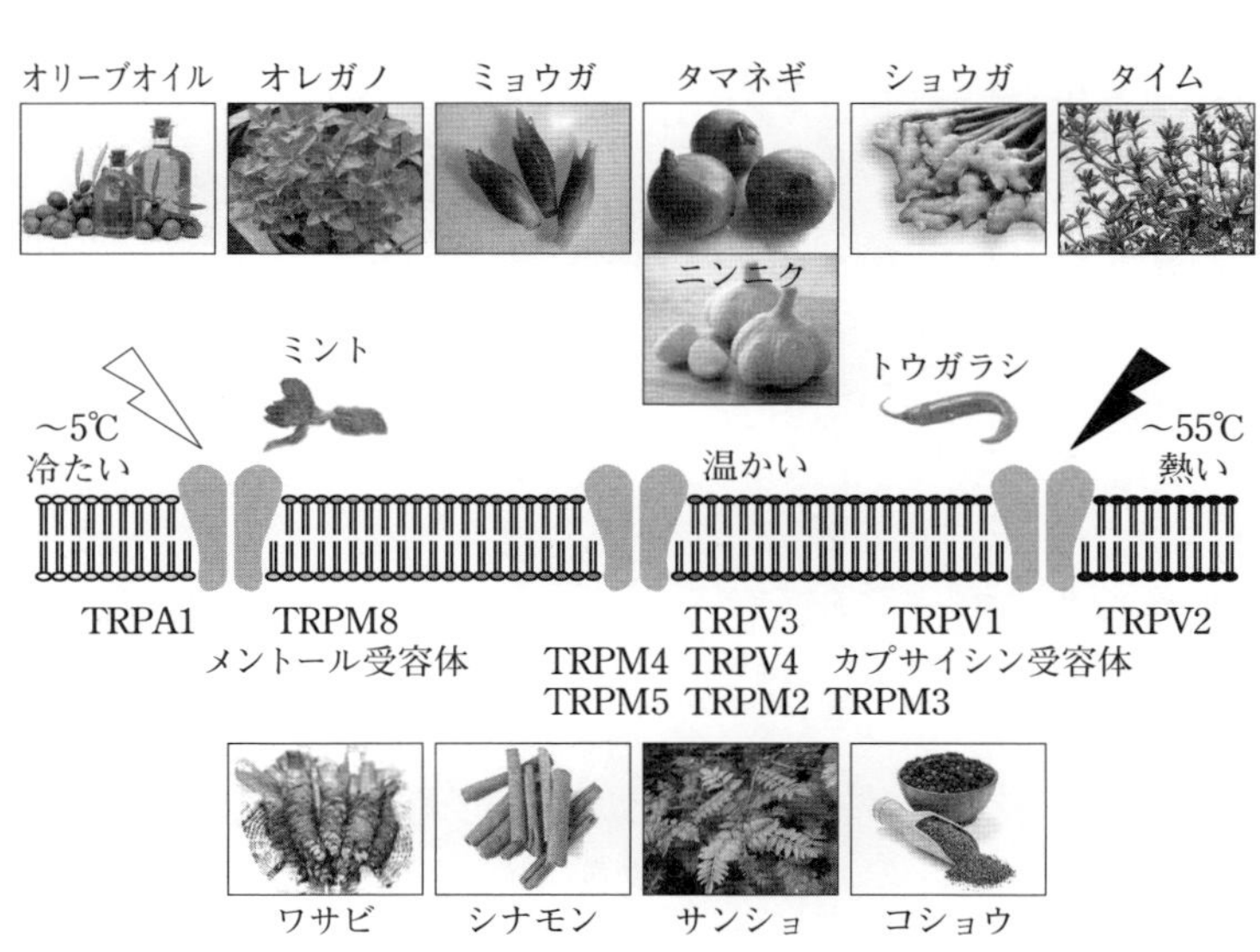

図4　温度感受性TRPチャネル

カ湯にはいった方がおられるかもしれません。ミントの成分であるメントールが作用する受容体は、TRPのMのファミリーの八番目であることからTRPM8と呼ばれています。このTRPM8は冷刺激によっても活性化します。つまり、ハッカ湯にはいると、本来冷たいものを感じる受容体にメントールも作用するため、脳が誤解をして私たちは冷たいと感じるのです。

こうしてみると、一見非常に簡単そうですが、実はそう簡単ではありません。口のなかにある神経についていうと、メントールの受容体とカプサイシンの受容体、もう一つワサビの受容体が中心的な役割をはたすと考えられています。オリーブオイルを飲むと喉が焼けるように感じると思いますが、オリーブオイルに含まれているオレオカンタールという成分はワサビの受容体を活性化します。オレガノというハーブに含まれているカルバクロールは、TRPV3、TRPM8、TRPA1を活性化させます。ミョウガに含まれているミョウガジアールは、ワサビの受容体を活性化させます。

もちろん、私たちは口のなかで、ミョウガやオリーブオイルをまったく別の味として感じますが、カッカする灼熱感は同じ受容体を活性化して起こります。タマネギや生ニンニクに含まれるアリシンはワサビの受容体を、ショウガに含まれるジンゲロールあるいはショウガオールがトウガラシの受容体を、タイムに含まれるサイモールはTRPV3とメントールの受容体TRPM8とワサビの受容体TRPA1の三者を活性化します。また、ワサビに含まれるアリルイソチオシアネート、シナモンのシナモアルデヒドはワサビの受容体を活性化して、辛みあるいは灼熱感を感じることになります。サンショにはサンショールが、黒コショウにはピペリンという成分があってトウガラシの受容体とワサビの受容体を活性化します。

とっても複雑な関係です。これを詳しく研究しているのは私を含めた数人ですので、世界でこれをわかる人は少ないと思います。とても複雑です。

味覚感知と温度感知に作用するチャネル

さて、三つの受容体についてお話をする前に、一つだけ触れておかなければならないことがあります。TRPM5という温かい温度を感じて開く受容体です。甘味やうま味や苦味が受容体に作用すると、その下流でTRPM5というイオンチャネルが活性化して脱分極し、活動電位が起こって味を感じると考えられています。この受容体はまた温かい温度を感じます。そうするとどのようなことが起こるのでしょうか。

温かいと、甘味やうま味や苦味の感覚が増強されるわけです。だから冷蔵庫からだしっぱなしにしたコーラは非常に甘ったるく感じることになります。

ちなみに、自動販売機にはいっている冬の缶コーヒーと夏の缶コーヒーとで砂糖の量は同じだと考えておられるかもしれませんが、違います。冬の缶コーヒーのほうが砂糖の量は少なくなっています。なぜならば、私たちは温かいと甘味を強く感じるためです。

ＴＲＰチャネルはどんな構造をしているか

皆様は、いろいろなたんぱく質の構造は結晶をつくってＸ線をあてることで解明されていることをご存じかもしれません。しかし、イオンチャネルのような分子量の大きなたんぱく質の構造は、そのような方法では解明することは難しいです。しかし、低温電子顕微鏡を用いて構造を解明することができました。ごく最近、カプサイシン受容体ＴＲＰＶ１やワサビ受容体ＴＲＰＡ１の構造も解明されました。また、カプサイシン受容体は細胞膜のなかにはいっていますが、その状態の構造が二か月前（二〇一六年六月）に解明されました。

現在、熱刺激がどのようにしてイオンチャネルを開かせるのかということについてモデルが提唱されています。しかし、いまだに世界で証明した人はいません。

では、ＴＲＰチャネルの機能はどのようにすればみることができるでしょうか。

私たちはパッチクランプ法といって、いまから二十数年前にノーベル賞が授与された特別な技術で、ＴＲＰチャネルでのイオンの電気的な動きをアンプで増幅して調べています。細胞にガラス電極をあてて穴を開けると、細胞膜の個々のイオンチャネルを通ったイオンの動きを一本の電極で記録することができます（**図5**）。これを全細胞記録法と呼んでいます。より詳しくチャネルの動きを知りたいときは、直径が一ないし二マイクロメートルの膜（パッチ膜という）を細胞から剥がしてイオンの動きを調べます。これを単一チャネル記録法といいます。**図5**ではヒゲがたくさんあるようにみえますが、イオンチャネルが四個開いていることがわかります。

神経細胞をとってきて電極をあてて電流をみることもできます。また、遺伝子が明らかであれば、数年前にノーベル賞を受賞された下村さんが発見された緑色蛍光たんぱく質を一緒に細胞に発現させて、蛍光顕微鏡の下で緑色に光る細胞に直接ガラス電極をあてて電流を記録することができます。

このようにして観察すると、カプサイシン受容体ＴＲＰＶ１は、四三度を超える温度で開いていることがわかります。ＴＲＰＶ２はもっと高い五二度以上で開きます。メントール受容体のＴＲＰＭ８は二八度以下で開いていますし、体温近傍の温度で開くＴＲＰＶ４、ＴＲＰＭ２というチャネルもあります（**図4**）。これら温度を感じるＴＲＰチャネルは特異な活性化温度閾値をもっています。

私たちは四三度を超える温度と一五度以下の温度では痛みを感じることが知られているこ

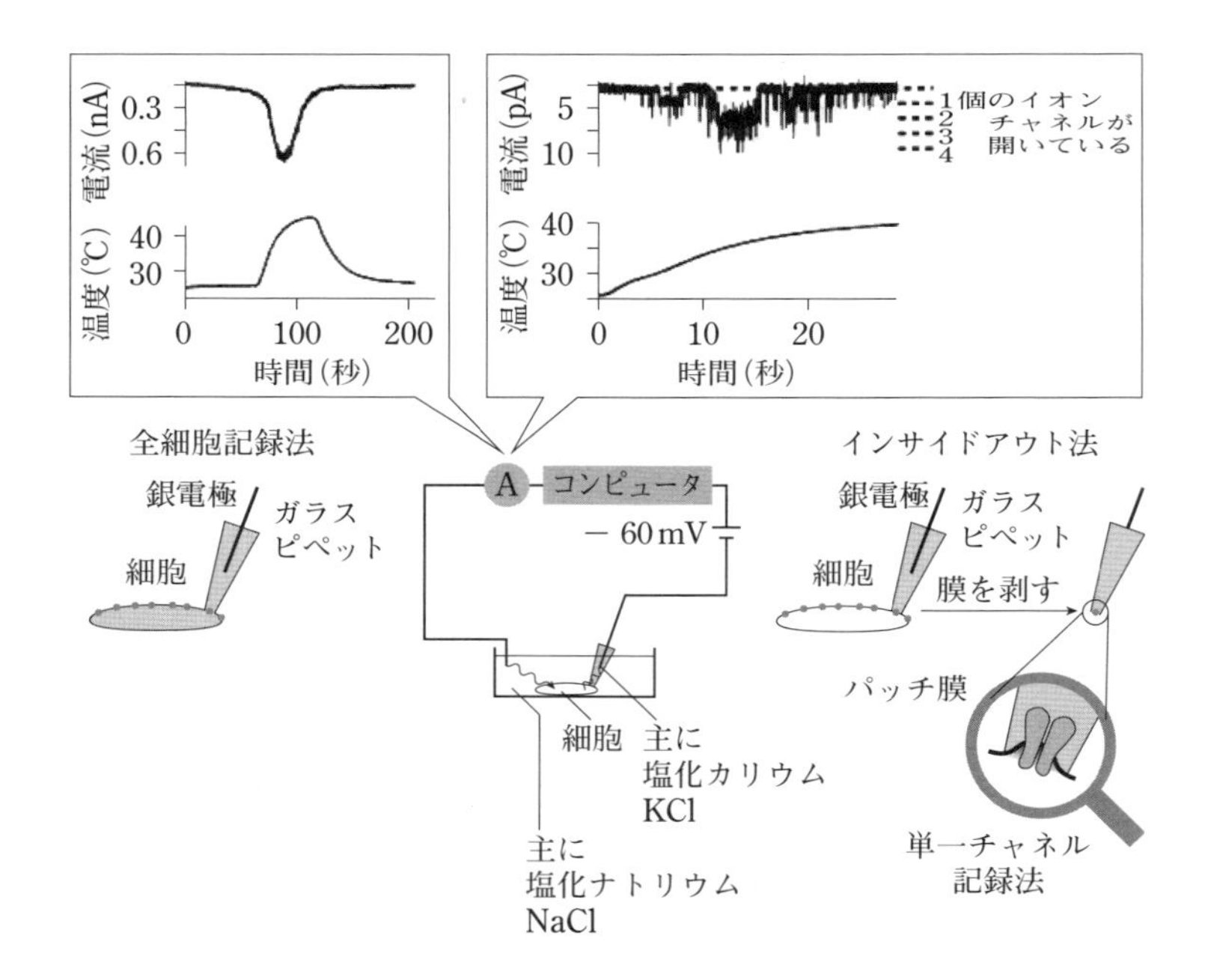

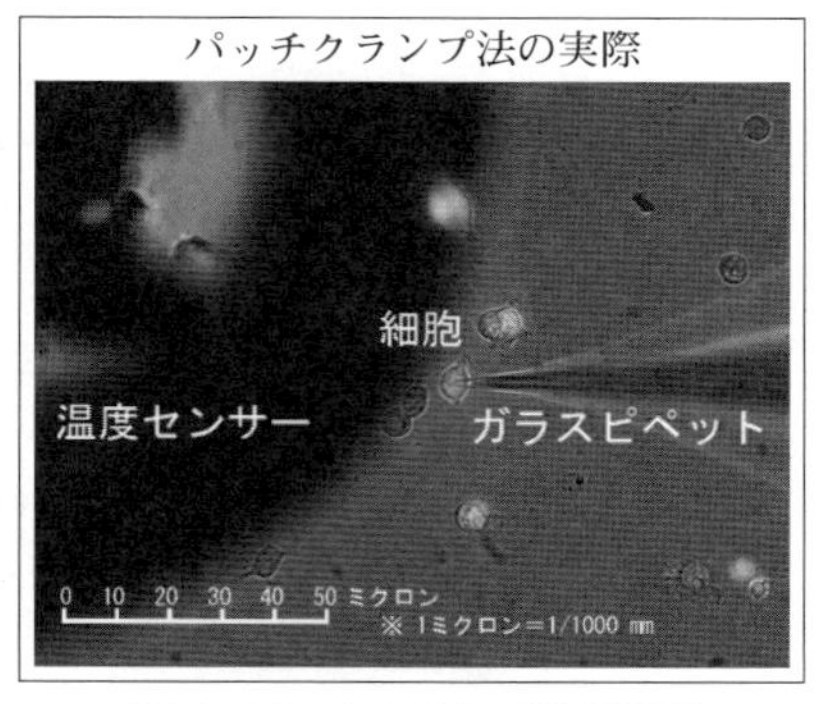

図5　パッチクランプ法の原理

とから、その温度域で活性化するチャネルは、痛みの受容体と呼ぶことができるかもしれません。

痛みを感知するＴＲＰチャネル

　舌にも投射している三叉神経には、カプサイシンの受容体ＴＲＰＶ１とワサビの受容体ＴＲＰＡ１、メントールの受容体ＴＲＰＭ８の三つのチャネルが発現しています。カプサイシン受容体の遺伝子はいまから一九年前の一九九七年に明らかになり、コードするたんぱく質は、四三度以上の熱、カプサイシンなどの化合物といった侵害刺激で活性化されるイオンチャネルで、感覚神経のなかの二次痛にかかわるある種の神経に発現しています。

　図６は、私が二〇年近く前にとった記録です。パッチ膜だけの状態で一〇のマイナス一二乗という非常に小さな電流をきれいに観察することができています。カプサイシン受容体ＴＲＰＶ１がある細胞は、カプサイシン

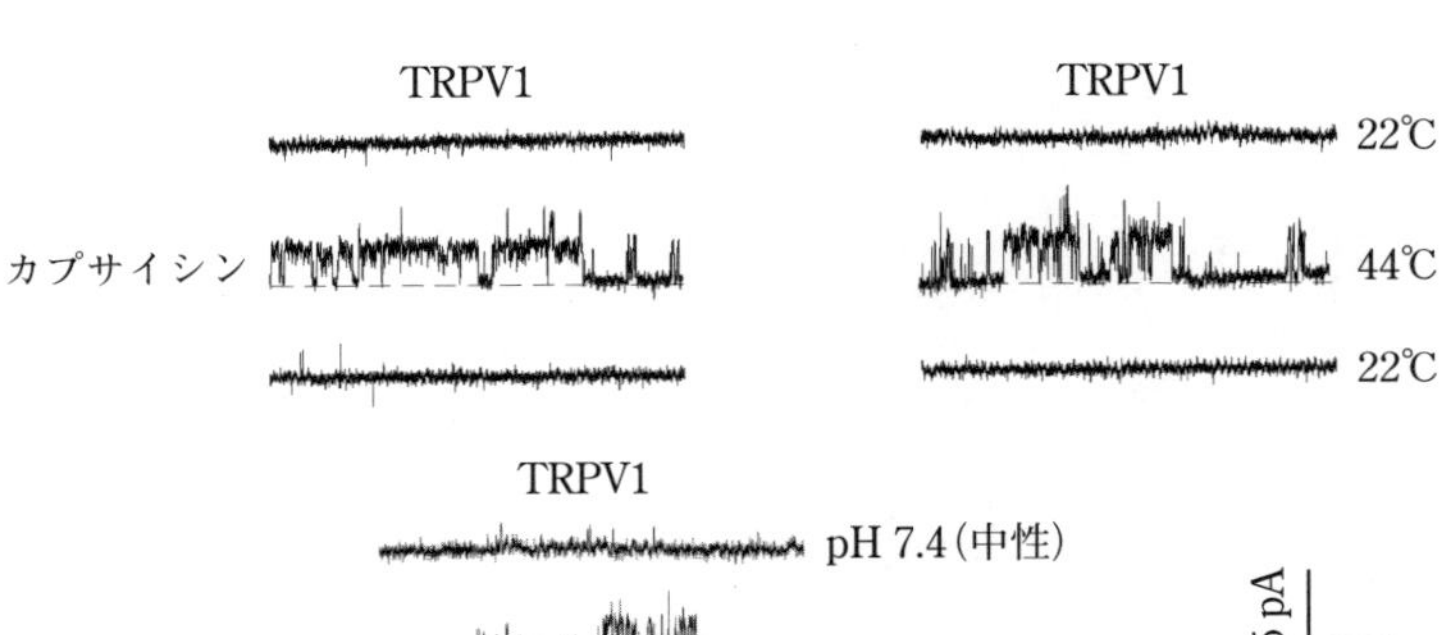

図６　TRPV1の単一チャネル電流記録（Tominaga et al. (1998)）

を投与しても、二二度から四四度への熱刺激を加えても、中性からpH五・四の酸の刺激を加えても、同じようなイオンチャネルの開口が認められます。細胞内の因子にいっさい関係なく、私たちの身体に痛みをもたらす侵害刺激で活性化する受容体であるということができます。

では、四三度はどのような意味をもつのでしょうか。先達は、われわれの身体に痛みをもたらす温度が四三度であることを明らかにしています。皆さんのお宅に給湯器があれば、その給湯器の設定温度は必ず四三度より少し下にしてあるはずです。われわれ人間も動物も痛みを感じる温度より少し低い温度を、一番快と感じます。お帰りになって、給湯器の設定温度をご覧になってください。つまり、カプサイシン受容体は、痛みをもたらす熱刺激で活性化する受容体なのです。

辛さは、一般的に水で何倍に薄めたら辛いと感じなくなるかというスコベルユニットで表現されています。トウガラシはスコベルユニットで表現すると（図7）、ハバネロから順番に辛くなくなっていくのですが、カプサイシン受容体を介した電流の大きさも小さくなることがわかります。つまり、辛みを引き起こす強さとカプサイシン受容体を活性化する能力は同じなのです。したがって、カプサイシン受容体TRPV1を活性化する能力で比較すると、より正確にその物質がもたらす辛さを評価することができます。

ではこの受容体がないとどうなるのでしょうか。

実際、夜行性のマウスに一晩水を与えないでおいて、翌朝に一〇マイクロモル／リットル（けっして高い濃度ではない）のカプサイシンを入れた水を与えると、野生型マウスは一口飲んで喉をかいたり、喉を床にこすりつける（チンラビングという）、辛いと感じる動作をして二度と飲みません。カプサイシン受容体をもたないマウスは辛さを感じないので、一晩水をもらっていないので喉が渇いていることから、どんどん続けて飲みます。

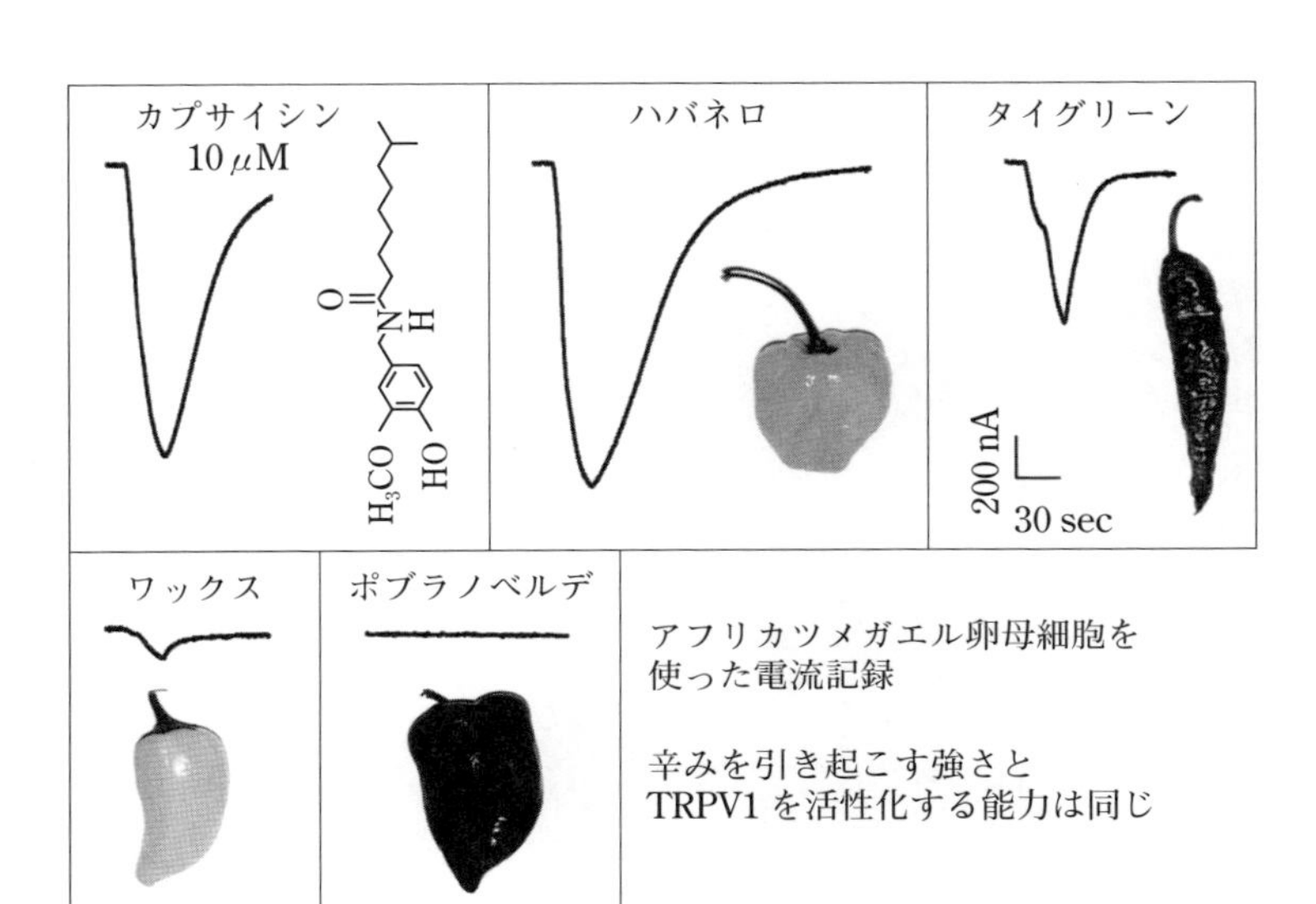

図7 トウガラシ抽出液の引き起こす電流
カプサイシン受容体TRPV1を活性化する能力で比較するとより正確にその物質がもたらす辛さを評価することができる。

ワサビの受容体ＴＲＰＡ１

ワサビの主成分であるアリルイソチオシアネートの受容体ＴＲＰＡ１もいまから一三年ほど前の二〇〇三年に、マウスで冷刺激の受容体として報告され、二〇〇六年にそれを欠損したマウスの表現型が報告されました。ＴＲＰＡ１は多くの痛みをもたらす刺激によって活性化されますが、直接冷刺激を感知しているかどうかは議論があるところです。

ちなみに、タバコや排気ガスに含まれるアクロレインという物質も、この受容体を活性化します。みなさん、タバコの煙を、特に禁煙家の方は痛みとお感じになるかもしれません。それはこの受容体を活性化しているからです。

私たちは昆虫からいろいろな動物種にいたるまで、ワサビの受容体の遺伝子をクローニングしています。さきほど紹介したように、ヒトではＴＲＰＡ１の温度感受性についてまだ結論がでていませんが、カプサイシン受容体は進化の過程で魚類から現れます。ところが、ワサビの受容体ＴＲＰＡ１を動物は非常に古くからもっています。恒温動物の鳥でもワサビの受容体は熱さを感じる受容体として機能します。よくご存じの洋服ダンスにはいっているクスノキからとれる樟脳のカンフルという成分は、昆虫のＴＲＰＡ１の一番強い刺激剤です。つまり、昆虫はカンフルを痛いと感じるから洋服ダンスに寄ってこないわけです。ワサビの受容体の活性化物質は昆虫の忌避剤で、ワサビにも防虫効果があることがよく知られています。

温度感受性TRPV4と脳脊髄液

ここで、私どもの最新の研究を少しご紹介しますが、その前に、温かい温度で感じるTRPV4というチャネルについて紹介します。

TRPV4は二〇〇〇年に低浸透圧刺激によって活性化されるチャネルとして報告され、二〇〇二年に温度感受性があることが明らかとなりました。また、二〇〇四年にTRPV4欠損マウスの表現型が報告され、温度依存性の行動に異常があることがわかりました。ちなみに、TRPV4の機能は、細胞内カルシウムイオン濃度の変化を可視化して調べることができます。

このTRPV4は多くの細胞、特に上皮細胞に強く発現しています。脳では、第三脳室、第四脳室にある脈絡叢に多く発現しています。脈絡叢は一層の上皮細胞でできていて、血管と脳室の境となっています（**図8**）。この脈絡叢から脳室内へ、われわれ人間でいうと一日五五〇ccあるいは六〇〇ccの脳脊髄液を持続的に放出しています。そのメカニズムがよくわかっていませんでした。

このメカニズムを私たちは解明しました。

高いカルシウム透過性をもつTRPV4が、カルシウム活性化クロライド（塩素）チャネルと連携します。このカルシウム活性化クロライドチャネルはアノクタミン（ANO）と呼ばれ、一つのサブユニットでアミノ末端とカルシウム末端とも細胞内にあり、細胞内のカルシウムによって活性化されます。二〇〇八年にその遺伝子が報告され、一〇のチャネルがありますが、そのなかのANO1がもっともカルシウムイオンの感受性が高いことがわかっています。

そして、上皮細胞で血管側から水が流入して細胞が膨らんで細胞

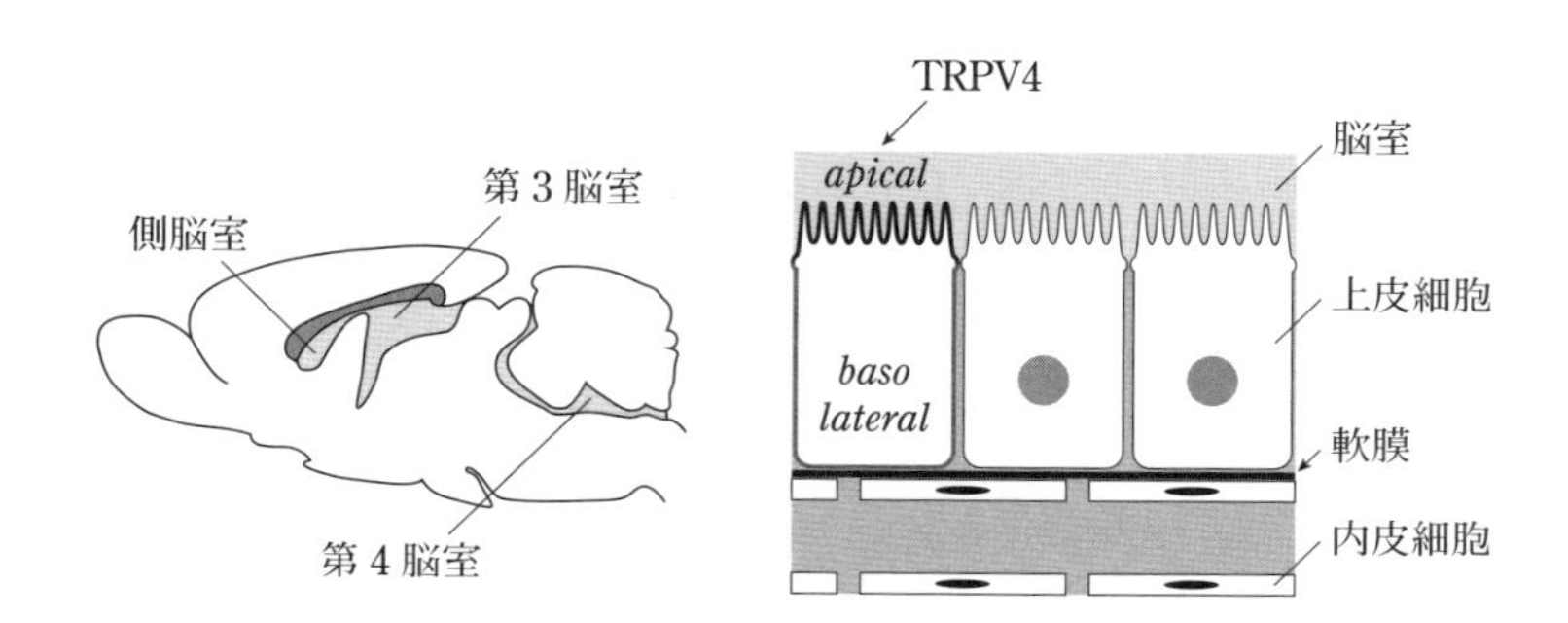

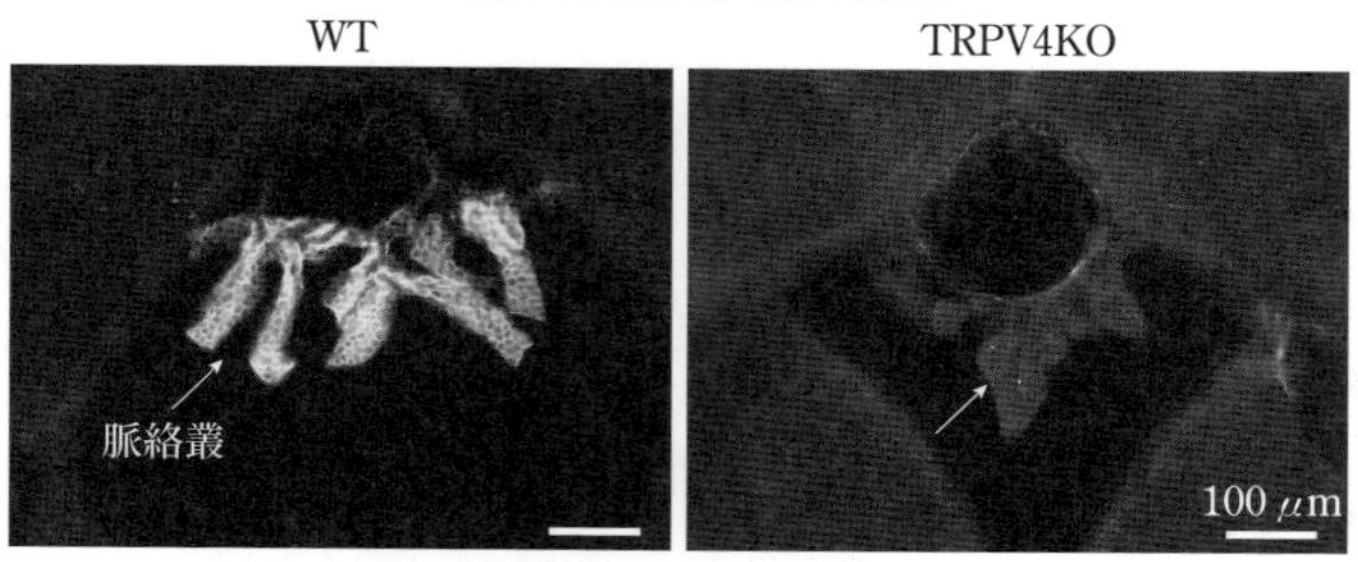

図8　マウス脈絡叢におけるTRPV4の発現（Takayama et al. (2014)）

膜に伸展刺激が加わると、細胞内に刺激物質が産生され、それが体温下でTRPV4チャネルを開けて細胞外からカルシウムイオンが流入します。そして、カルシウムイオンで開く塩素チャネルが開き、塩素イオンが流出します。塩素イオンが流出すると、水が一緒に動きます。このようなシステムが脳室の脈絡叢に備わっていて、これが脳脊髄液を放出するメカニズムであることを二年ほど前に報告しました。

ちなみに、塩素イオンチャネルだけを発現させて、活性化するように細胞内に多くのカルシウムイオンを入れておいて塩素イオンが流出する状況を、膜電位をかえることで調べると、塩素イオンの流出とともに細胞がどんどん縮んでいきます。これは、塩素イオンと一緒に水が引っ張り出されたと解釈することができます。そして、塩素イオンを内側に流入させると、細胞の大きさはもとに戻ります。陰イオンが動くことで細胞の容積が変化します。

まとめます。TRPチャネルを通ってカルシウムイオンが細胞内に流入すると、陰イオンを通すチャネルが活性化して塩素イオンが動きます。そのとき、塩素イオンが動く方向は、細胞ごとに異なり、塩素イオンの平衡電位によって決まります。

感覚神経でTRPチャネルとANO1は機能連関するか

感覚神経でもANO1はTRPチャネルと連関すると考えました。感覚神経にはワサビ受容体やトウガラシ受容体が発現していて、そこに辛み刺激が加わると、細胞外から細胞内にナトリウムイオンやカルシウムイオンが流入します。これによって、膜電位差が小さくなります。脱分極が起こるのです。これが神経興奮につながります。同時に、感覚神経の細胞内には塩素イオンがたくさん存在するので、クロライドチャネルが開くと塩素イオンが細胞外に流出します。負電荷が細胞外に動くことと正電荷が細胞内で動いたことは等価ですので、さらに脱分極することになります（図9）。それによって感覚神経は発火しやすい、つまり、辛みをより感じやすい状況になります。実際に、クロライドチャネルとカプサイシン受容体はマウスの脊髄の横にある感覚神経節細胞に一緒に存在します。また、舌に投射している三叉神経でも同じ細胞に発現しています。つまり、両方のプレーヤーが同じ細胞に存在しているわけです。

ANO1とTRPV1の二つを発現させ、NMDGという正電荷をもっていながら大きいのでイオンチャネルを通ることができないイオンを細胞内外に使うと、塩素イオンの動きだけを検出することができます。二つのチャネルを発現させてカプサイシンを投与すると大きな電流が観察されますが、それぞれのチャネルだけを発現させても電流は観察されません。また、細胞外にカルシウムイオンが存在するときだけ大きな電流が観察されます。つまり、カプサイシン受容体とANO1がともに発現している細胞でだけ、しかも細胞外にカルシウムイオンが存在するときだけ、塩素イオンの電流を観察することができます（**図10**）。実際に、生化学的に二つのたんぱく質は一緒にそばにいて機能しやすくなっていることがわかりました。

マウスの感覚神経でも実験してみました。感覚神経には電気的中性の法則があって必ず同じだけの陽イオンと陰イオンが存在する必要があるのですが、細胞内に陽イオンとしてカリウムイオン、細胞外に一般的にたくさんあるナトリウムイオンを使うと、陽イオンの動きも塩素イオンの動きもみることができます。そして、塩素イオ

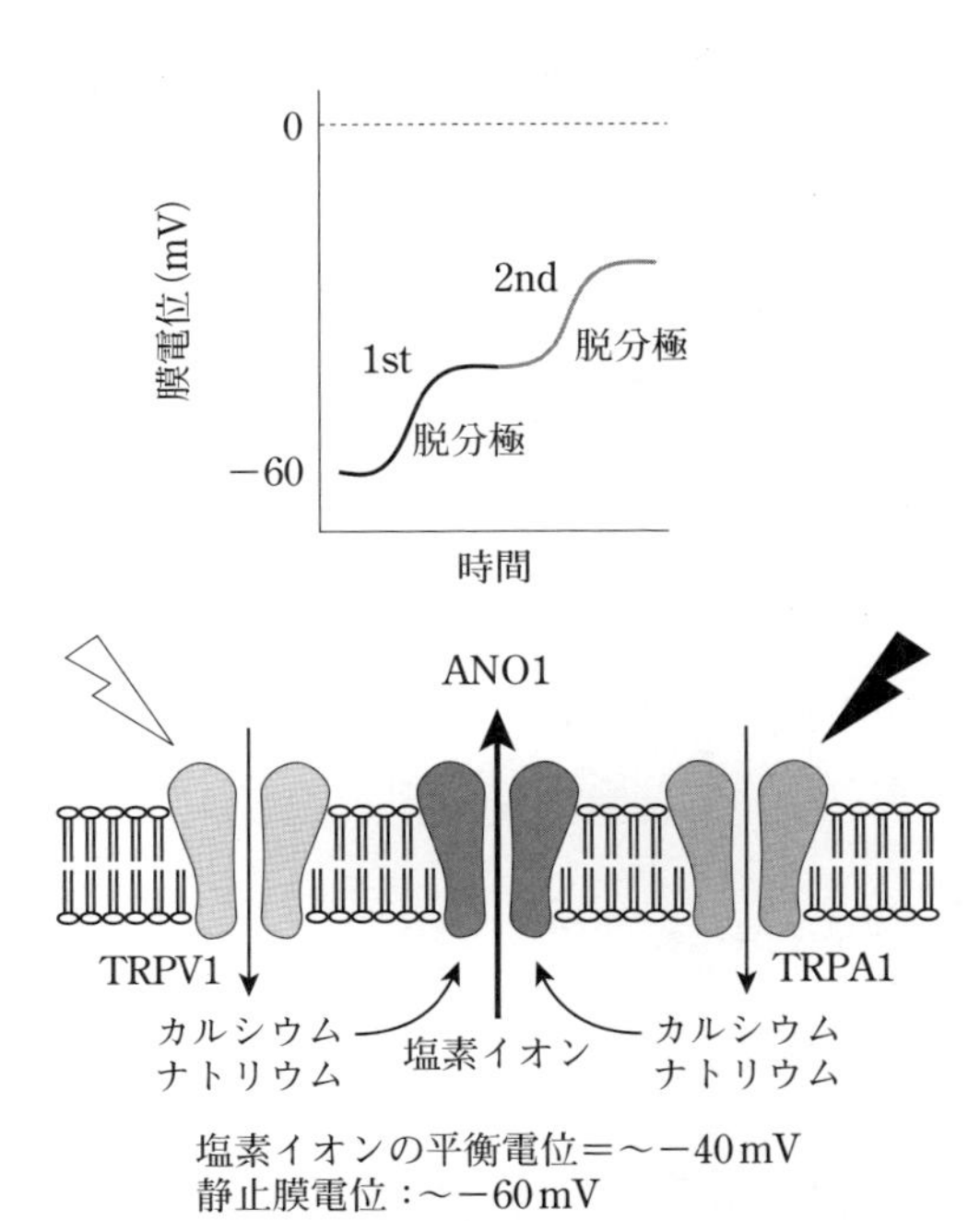

図9　感覚神経細胞でのTRPV1とANO1の機能連関

ンチャネルの動きを阻害すると、カプサイシンによって起こる電流は小さくなりました。つまり、カプサイシンによってもたらされている陰性電位での内向き電流は、陽イオンの内向きの流れと、カルシウムイオンがはいってクロライドチャネルが開いて起こる塩素イオンの流出（陽電荷が流入）でできていることがわかりました（図11）。

実際に感覚神経でも二つのたんぱく質が複合体を形成して近くに存在して機能連関しやすくなっています。感覚神経ではさきほど紹介したように、神経の興奮、神経の発火が起こります。カプサイシンを投与すると、脱分極して神経発火が起こります。二回、一〇分おいてカプサイシンを投与する実験では、神経発火を二回みることができますが、塩素イオンチャネルの阻害剤を入れておくと、二回目のカプサイシン投与で活動電流をまったくみることができません。私たちは辛いと感じないことになります。

いま教科書では、辛み刺激が加わると陽イオンが流入して脱分極することによって神経発火が起こると書かれていますが、それだけではなく、カルシウムが流入して、そのカルシウムイオンがそばに存在する塩素イオンを通すチャネルを開け、塩素イオンが流出することによって、さらに脱分極して辛みが強くなっていると考えることができます（図9）。

これは昨年報告した辛み増強のまったく新しいメカニズムです。この二つのイオンチャネルが連携するのを阻害すれば、辛みが弱くなるかもしれませんし、ANO1の機能を阻害

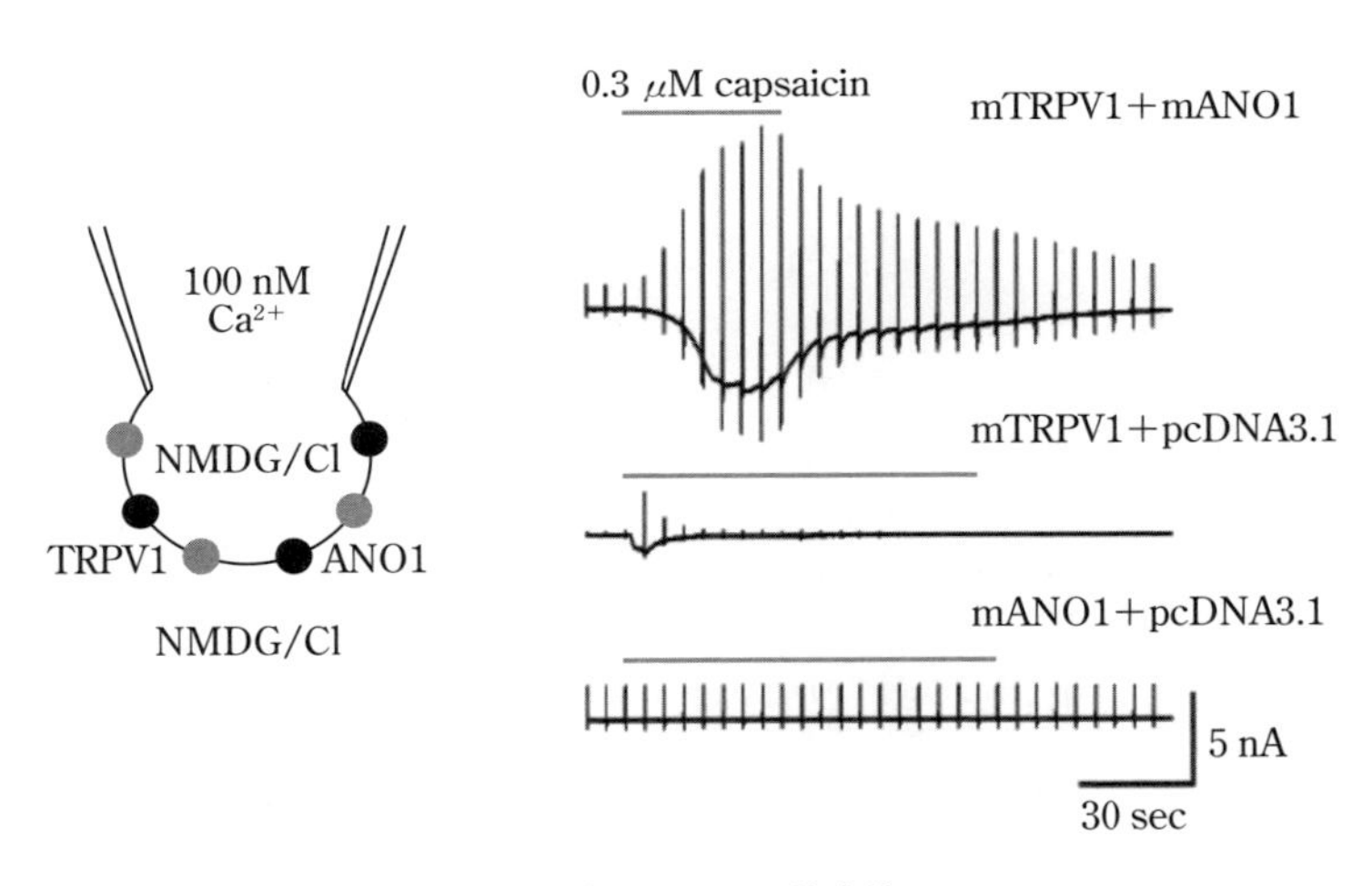

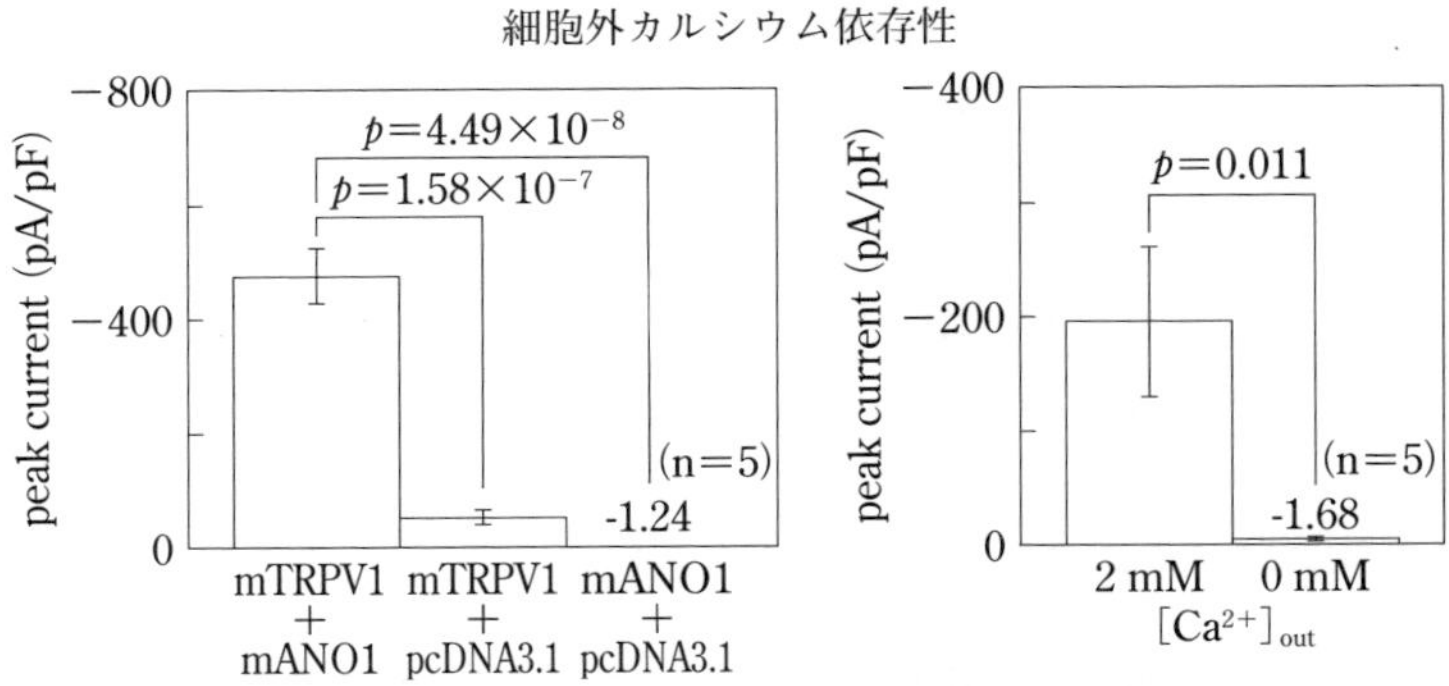

図10　HEK293細胞におけるTRPV1とANO1の機能連関
（Takeyama et al. (2015)）
この実験条件では、塩素イオンの移動のみを検出する。

しても辛みを抑制することができるかもしれません。

辛いものを食べたとき、どうしたら辛みを和らげることができるか

ご紹介したように、トウガラシの受容体と熱の受容体は同じですから、チゲ鍋は辛く、冷蔵庫にあるカレーは辛くないわけです。アイスクリームの上にミントが乗っていると、冷刺激の作用とメントールの作用の両方でより冷たいと感じます。

さて、辛いカレーを食べたときに、どうやったら辛みを和らげることができるでしょうか？　冷たいお水を飲みますか？

トウガラシのセンサがカプサイシンによっても活性化し、熱によっても活性化するということは、熱による活性化を抑えれば、当然辛みは弱くなります。ですから、冷たいお水を飲むことは有効です。インターネットなどには、トウガラシの成分は舌のなかにはいってきているので、お水を飲んでもカプサイシンを洗い流すことができないからいつまでたっても辛いが、冷たいミルクを飲むとよいとか書かれています。冷たい温度の油分が溶けやすいミルクを飲むことが一番辛みを和らげるはずだという理屈です。

しかし、もう少しよい方法があるかもしれません。ミントの葉は千数百年、われわれの身体の痛みを和らげる薬として使われてきています。メントールは、メントール受容体に作用

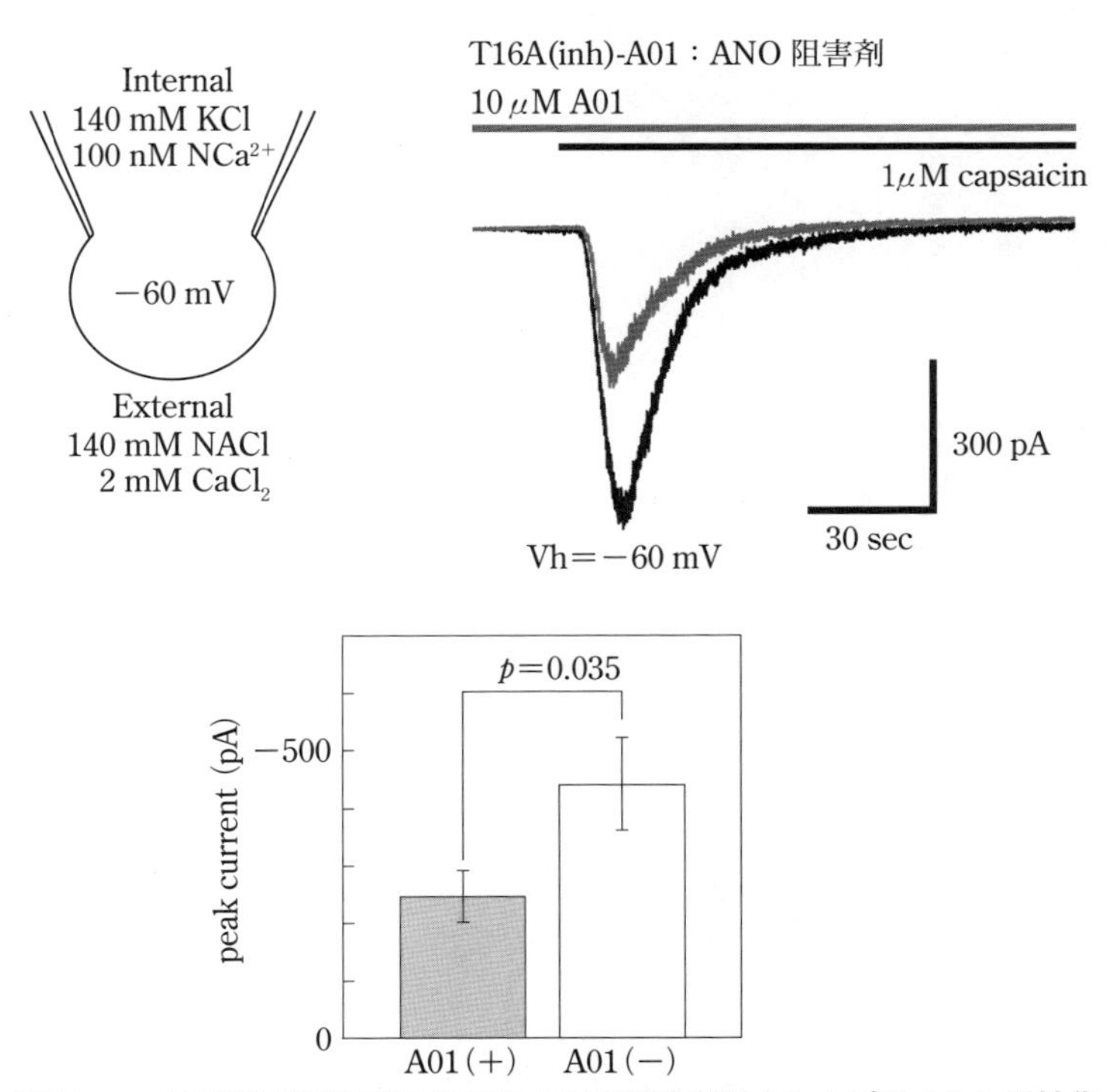

図11　マウス単離感覚神経細胞でのANO1阻害剤によるカプサイシン活性化電流の抑制（Takeyama et al. (2015)）
この実験条件では、陽イオンと塩素イオンの両方の移動を検出する。

します。メントールはワサビの受容体も活性化するので、みなさんいやだとお感じになるかもしれません。

これも今年のデータですが、カプサイシンによって活性化する電流は五ミリモル／リットル（五ミリモルは多いと思われるかもしれませんが、われわれが口に含む量としてはけっして多くない）のメントールで抑制されます（図12）。つまり、メントールはカプサイシンの活性を阻害します。また、メントールはクロライド電流も完全に抑制します。メントールはメントール受容体に作用しているのではなくて（それもあるかもしれませんが）、口のなかの感覚神経終末でカプサイシンの受容体とカプサイシン受容体と機能連関して活性化するクロライドチャネルの両方を阻害することによって辛みを和らげると、われわれは考えています。

岡崎にある私たちの研究所からきた研究者の話を何回かお聞きになったことがあるかもしれません。いま「真田丸」でやっている徳川家康が生まれたところです。徳川家康は関ヶ原の戦いに勝って江戸にいって江戸幕府を開きましたが、家康にとって岡崎に住んでいる人間は隣人のような存在でした。ですから岡崎に住む人々は火薬を扱うことが許されました。なので、現在も日本で活躍する多くの花火師はわれわれの町からでたと考えられています。今日帰られたら、トウガラシを食べたらＴＲＰＶ１が活性化しているのだ、また、お風呂には

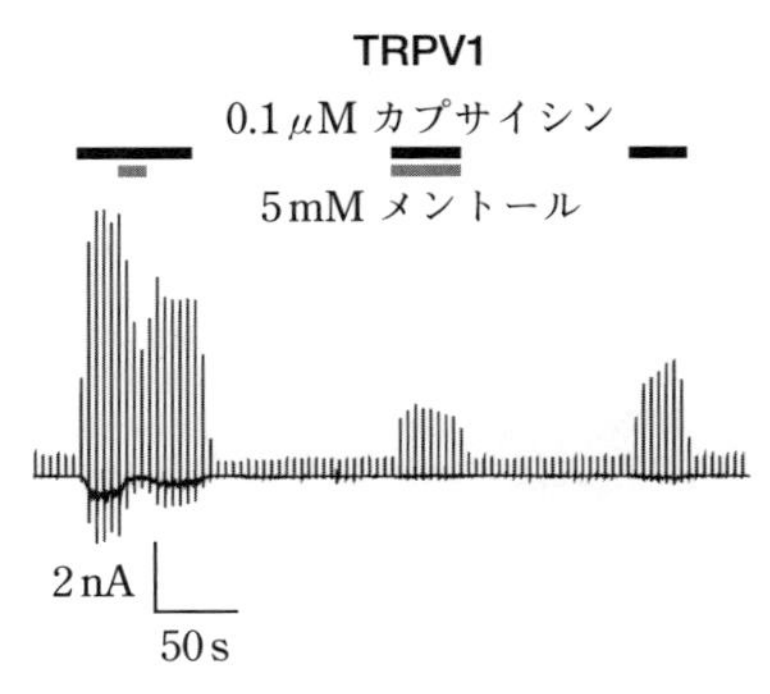

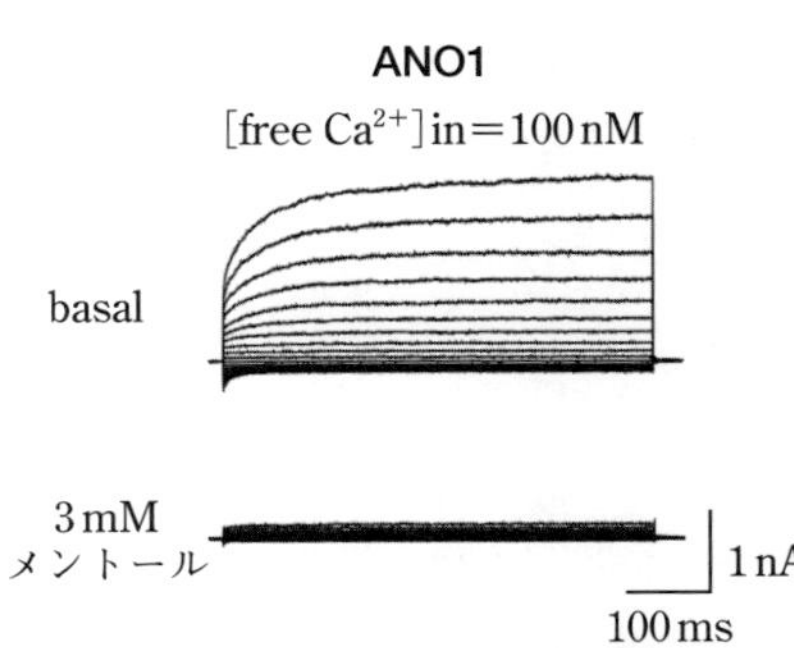

図12　メントールはTRPV1とANO1の活性を阻害する（Takaishi et al. (2016), Takayama et al. (2017)）
メントールは感覚神経終末でTRPV1とANO1活性を阻害することによって辛みを和らげているのかもしれない。

いってすーっとするシャンプーを使われたらTRPM8が活性化しているのだと、少しでも考えていただければ、お話をしたかいがあったかなあと思います。ご清聴ありがとうございます。

質疑応答

司会＝本田　学

本田●辛みを感じる最新のメカニズムを研究のデータまで交えて非常にわかりやすくお話しいただきありがとうございました。会場からたくさんの質問が届いていますが、時間の関係で抜粋して質問させていただきます。「辛みは温度の感覚と非常に関係が深いということでしたが、ネコ舌とそうでない人がいるのは、その背景になにかメカニズムがあるのでしょうか。ネコ舌の人は辛さにも弱いのでしょうか」

富永●この質問は何回もいただきました。多くの場合、ネコ舌の方はトウガラシもだめみたいですが、何百人と調べましたが一致しません。もう一つ、トウガラシがだめでもワサビは大丈夫だという方、ワサビがだめでもトウガラシはよいという方もおられます。そのことは作用しているセンサが違うということでわかりますが、トウガラシの辛みを感じるセンサは一つです。ところが熱を感じるセンサは一つではありません。そのため、必ずしも一致しないことが最近の研究からも明らかになってきています。

本田●「辛さに慣れるのは、受容体になにか変化が起こってくるのでしょうか」

富永●私たちの感覚には必ずトレーニング効果があります。韓国の方々は子どものときからトウガラシをたくさん食べているので、トレーニング効果で感じにくくなっていることがあります。間違いなく慣れます。よくテレビにいくらトウガラシを食べてもなんともない方がおられます。世界にそのようなことを研究されている方がいて、この受容体の遺伝子に変異があることがわかっています。トウガラシはだめですという方は、トウガラシの受容体TRPV1がたくさんあるか機能が強いか、だと思うのですが、まだ体系的な実験の研究はでてきていません。

本田●「カプサイシンがはたらくセンサは痛みを起こします。痛みは、いわゆる侵害刺激といいますが、生物はそこから逃げようとすることで、カプサイシン受容体をブロックしたマウスはそこから逃げなくなってしまっていました。その一方で、激辛ブームがありました。私もときどき非常に辛いものを食べたくてしかたがなくなるときがあります。それは侵害刺激のように痛みからただたんに逃げたくなるという刺激の意味だけでなく、好きで好きで仕方がなく、そこに近づいていくような作用も生理学的にはもっているのではないかと思います。このあたりについて、なにか脳のメカニズム、末梢神経のメカニズムはわかっているのでしょうか」

富永●トリの餌にはカプサイシンがはいっています。トリのカプサイシン受容体は、カプサイシンで活性化されません。だからトリは食べられてリスに食べられません。非常によいメカニズムがあるわけです。われわれを含めて多くの哺乳類はこの受容体を痛みの受容体として使います。痛みは本来、われわれの身体にとって痛みを引き起こす刺激に近寄らない、それから逃げるための基本的な防御機能です。ということは嫌いじゃあないといけない。ところが、叩かれて痛いと思う人も千人のなかに何人かいるみたいです。痛みにかぎったことではありません。口のなかにはいる苦味、酸味も本来われわれは忌み嫌うべきものです。われわれはコーヒーが大好きですよね。これはサルのレベルでもあまりないことです。人間にだけある反応で、本来忌み嫌うべきものを好きになる、〝くさや〟のような干ものが好きになる反応です。少なくとも私がやっている受容体レベルで起こっていることではなく、もっと高次レベルで起こっていることで、みなさん嫌なものがときどき好きになるようなことがあると思います。

本田●ほかにもたくさん質問をいただいているのですが、残念ながら時間になりましたのでこれで終わらせていただきます。

脳を守る　Ⅲ章

うつ病の予防・治療のための食生活と栄養

国立精神・神経医療研究センター神経研究所
疾病研究第三部部長
功刀　浩

うつ病のチェックと治療

うつ病は現在、猛威を振るっています。患者数は厚生労働省調査（二〇一四年）で一一二万人と、一九九〇年代に比べ二・六倍に急増しています。ただし、治療を受けている患者は一八・六％という数字もあり、逆算すると実際は約五〇〇万人いると推定されます。相当の数です。そして、健康寿命ということがよくいわれますが、生活に障害を受ける年数は先進国では全疾患のなかでうつ病が第一位です。また、年間自殺者が平成十年から二十三年まで三万人以上で、去年（平成二十七年）やっと二万五千人を切ったようですが、あいかわらず高い状況です。うつ病になると仕事ができなくなることもあり、医療費を含めると経済損失は二兆七千億円に達すると推定されています。うつ病を克服することは喫緊の課題です。

ここで大うつ病性障害の診断基準の概要を**図1**に

1. 毎日一日中気分が沈んでいる。
2. なにに対しても楽しめなく、興味がわかない。
3. 食欲がないか、ありすぎる。体重の増減が激しい。
4. 眠れない。夜中や朝方に目が覚めたりする。
5. 話し方や動作が遅い。または、イライラして、落ち着かない。
6. 気力がなく、やる気がわいてこない。
7. 自分は価値がない、ダメな人間だ、申し訳ないと感じる。
8. 仕事や家事に集中できない。
9. 死にたい。できることならこの世から消えてしまいたい。

- **1か2があり、全部で5項目以上あてはまる**
- **2週間以上続いている**
- **著しい苦痛／人間関係や職業の障害**

図1　大うつ病性障害の診断基準の概要
（米国精神医学会DSM-5による）

示します。毎日一日中気分が沈んでいる。なにに対しても楽しめなく、興味がわかない。この二つのいずれかを含む五項目以上あてはまる状態が二週間以上続き、著しい苦痛、人間関係や職業の障害がでると、典型的なうつ病という意味である「大うつ病性障害」と診断され、治療が必要になります。

うつ病の治療をまとめます。まず、こころの休息、環境の調整です。過度のストレスが誘因になることが多いので、ストレスを受けない環境にすることです。精神療法として、支持的精神療法と、認知行動療法といって物事を悪く考えすぎないようにもっていったり、ストレスに対処しやすくなるような考え方を練習する治療法があります。もう一つ、薬物療法として、抗うつ薬や抗不安薬などが使われます。重症の場合は、通電療法といって頭に一〇秒弱通電すると非常に効果がある場合があります。

以上がこれまでの治療の中心でしたが、ここ十数年、栄養・運動療法が有効であるというエビデンスが次々に報告されるようになりました。これまで精神科の治療に栄養士さんはあまり関与しませんでしたが、栄養指導や栄養補充療法、さらに食生活・運動などの生活習慣改善の有効性がわかってきたのです。

これらは自分でできる治療と予防ということができます。

現代の食事の問題

現在は生活が豊かになっているので「食生活の問題などあるのですか?」、という素朴な疑問をもっている方がおられるかもしれません。西洋文明化によって生活が豊かになり、食生活はこの数百年で大きく変化しました。その一つは飽食です。如実な例として、日本では年間五千五百万トンの食料を輸入し、千七百万トンの食品を廃棄しています。食べられるのに廃棄される食品ロスも年間五百~八百万トンあります。これは世界全体の食料援助量約四百万トンより多く、非常にもったいないことです。それだけ飽食状態にあります。

昔も特別な人たちのなかには飽食状態の人もいました。「この世をば　わが世とぞおもふ望月の　欠けたることも　なしと思へば」という和歌で有名な藤原道長は、欠けたものはなにもないどころか糖尿病になり、パニック症状のような精神症状ももっていたことがわかっています。意欲もなくなっていたという記録もあり、少しうつ病の症状もあったと推定されます。平安時代でも特別な人は飽食による心身の病気になっていたということです。

現代の食事のもう一つの問題は、食品の製品化の問題です。食材をそのまま使うのではなくおいしく食べやすくするために精製し加工したものが非常に多くなっています。精製・加工する過程で、食物繊維、ビタミン、ミネラル、n-3系多価不飽和脂肪酸、ポリフェノールなど健康に必要な栄養成分が取り除かれるため、栄養バランス不良が起こるのです。このように食生活は劇的に変化しましたが、ヒトの遺伝子は数百年でそんなに変化するものではありません。そのため不適応が起こり生活習慣病が発生したのです。現代人は生活習慣病による死亡がかなりの割合を占めています。最近は認知症やうつ病も生活習慣病といわれるようになっています（**図2**）。

精製され加工された食品による栄養不良の典型例は、脚気です。徳川家定、徳川家茂は早く亡くなっていますが、その主な原因は脚気であったといわれています。

日露戦争では多数の方が脚気で亡くなりました。原因は、ビタミンB1欠乏です。脚気が食事

・西欧文明化によって生活が豊かになり、食生活はこの数百年のあいだに大きく変化
・飽食
　・日本では、年間5,500万トンの食糧を輸入。しかし1,700万トンの食品を廃棄。
　・食べられるのに廃棄される「食品ロス」は年間約500～800万トン（平成22年度推計）。世界全体の食料援助量約400万トンより多い。
・精製され加工された食品
　・食物繊維、ビタミン、ミネラル、n-3系不飽和脂肪酸、ポリフェノールなどの成分喪失
　　⇒栄養バランス不良
・ヒトの遺伝子は変化しない：西欧式食事や文明化した生活習慣に適応できない。
・認知症やうつ病も生活習慣病

図2　現代の食事の問題

の問題で起こる病気であることを解明したのが慈恵会医科大学の創始者である高木兼寛先生です。一八八三年、軍艦『龍驤』に乗り込んだ三七八人の水兵さんのうち一五〇人が脚気になり、そのうち二三人が亡くなりました。食事は白米です。日露戦争では、精白米がたくさん食べられることを兵隊さんの募集の一つに使っていたことも背景にあり、白米を食べさせていたのです。この食事が原因だろうと高木先生がいいだし、次の年の軍艦『筑波』では洋食をだしたところ三三二人中、患者数、死者ともにゼロでした。日露戦争の勝因は高木先生ではないかという説もあるくらいです。非常にきれいな実践研究をされ、食事が原因で脚気になることを明らかにしました。

ここで、玄米と精白米の栄養素の違いを**表1**に示します。ビタミンB1は玄米百グラム中に〇・四一ミリグラム含まれるのに対し、精白米では〇・〇八ミリグラム、五分の一です。同様にいろいろなビタミン類、ミネラル、葉酸なども半分以下しかありません。特に違うのは食物繊維です。食物繊維は精白するとほとんどなくなってしまいます。美味しい食品をつくるために精製すると栄養素がなくなるという典型的な例です。毎回、精製済みの穀類ではない全粒穀物にすることはできないかもしれませんが、できるだけ全粒穀物を摂取するようにしていただきたい。糠（ぬか）となる果皮、種皮、胚、胚芽表層部といった部位を除去していない（精白していない）穀物やその製品が全粒穀物です。玄米、発芽玄米、ふすまがついている麦、オートミル、挽きぐるみのソバなどです。糠という字を見ていただくとわかるように、米偏に「すこや」かと書きます。昔の人は糠のなかに健康成分があることを知っていたわけです。全粒穀物であれば食物繊維がたくさん摂れます。そうすると消化、吸収を穏やかにして腸内細菌なども整いますし、脂質異常を改善し、便秘解消にもなるなどさまざまな効果があります。糖尿病も減らします。ビタミンや鉄分をはじめとしたミネラルも豊富に摂れます。

表1　玄米と精白米の栄養素の違い
（100gあたり）（五訂日本食品成分表より）

栄養素	玄米	精白米
エネルギー	350 kcal	356 kcal
蛋白質	6.8 g	6.1 g
脂質	2.7 g	0.9 g
炭水化物	73.8 g	77.1 g
灰分	1.2 g	0.4 g
ナトリウム	1 mg	1 mg
カリウム	230 mg	88 mg
カルシウム	9 mg	5 mg
マグネシウム	110 mg	23 mg
リン	290 mg	94 mg
鉄	2.1 mg	0.8 mg
亜鉛	1.8 mg	1.4 mg
銅	0.27 mg	0.22 mg
マンガン	2.05 mg	0.8 mg
ビタミンE	1.3 mg	0.2 mg
ビタミンB1	0.41 mg	0.08 mg
ビタミンB2	0.04 mg	0.02 mg
ビタミンB6	0.45 mg	0.12 mg
ナイアシン	6.3 mg	1.2 mg
葉酸	27 μg	12 μg
パントテン酸	1.36 mg	0.66 mg
食物繊維（水溶性）	0.7 g	-
食物繊維（不水溶性）	3.0 g	0.5 g

ちなみに、日本人の食物繊維の摂取量は、一九五一年から急減しています（**図3**）。二〇一五年版の食事摂取基準によれば、食物繊維の目標量は二〇歳以上では一日あたり男性二〇グラム以上、女性一八グラム以上ですが、平成二十年の国民健康・栄養調査によると、まったく届いていません。届いているのは比較的高齢な方々です。バリバリやらなければならない若い世代は食物繊維が足りない状態になっています。

うつ病と関連する栄養／食生活

大きな食事変化が起こっている

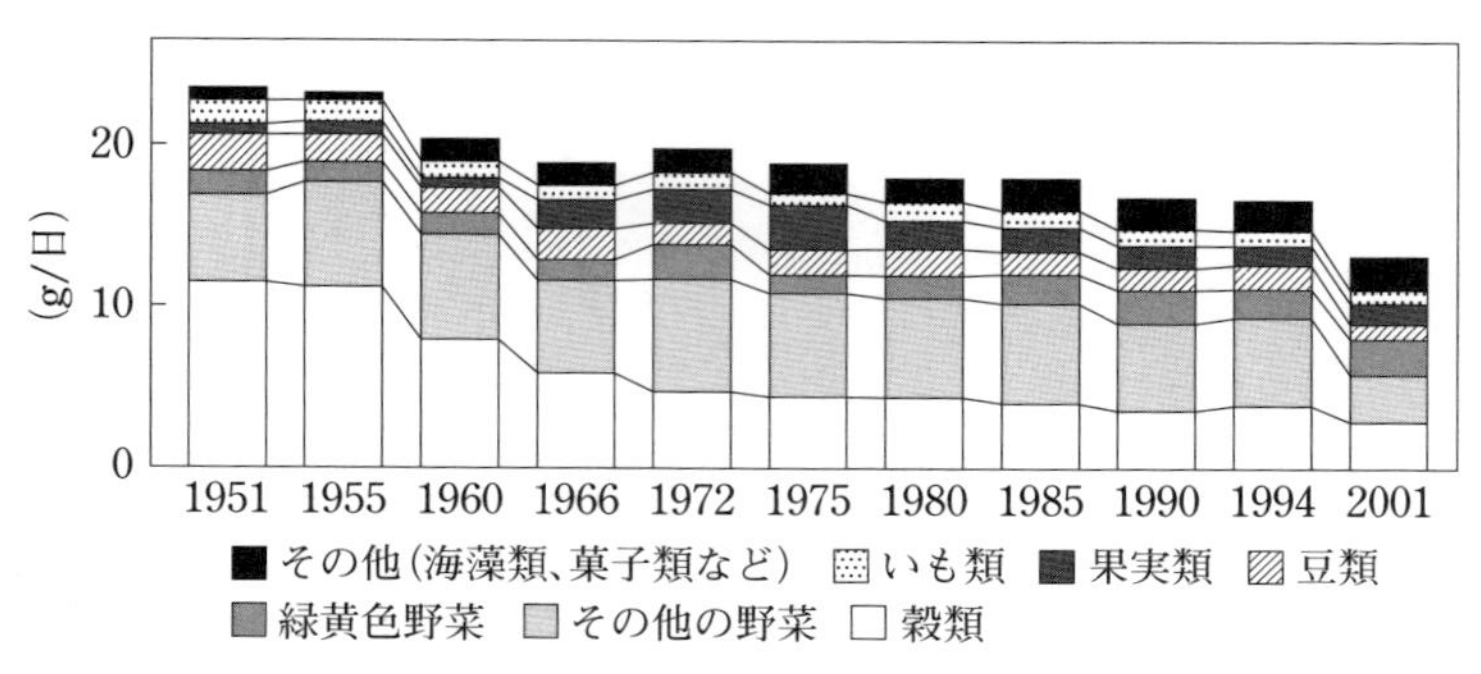

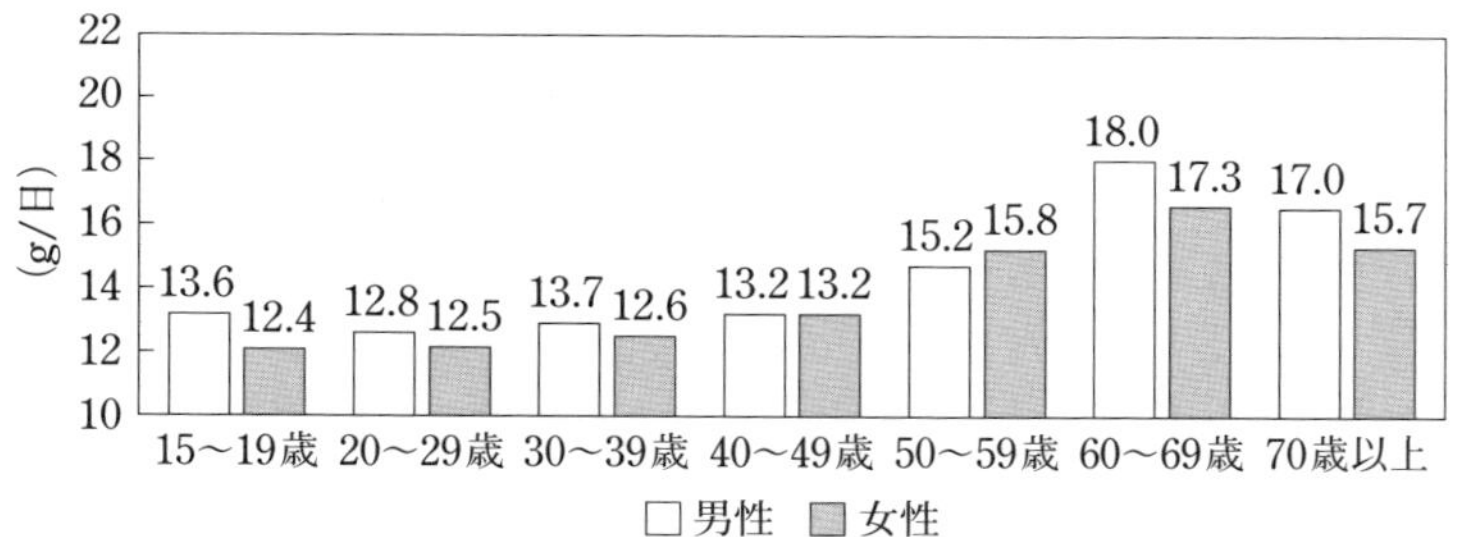

図3　日本人の食物繊維摂取量の変化（上）と日本人の年代別食物繊維摂取量（下）（平成13年 国民健康・栄養調査および平成20年 国民健康・栄養調査結果の概要より）

なかで、うつ病と関連する食生活の問題がいろいろ明らかになっています（**図4**）。まず、飽食・食べ過ぎがあげられます。また、運動不足とも関連します。食事スタイルとしては、現在の西洋化した食事より以前の伝統的な健康食のほうがよく、健康日本食といったことも指摘されています。さらに、n-3系多価不飽和脂肪酸（魚のEPA、DHA）不足があります。トリプトファンなど必須アミノ酸の不足、ビタミンやミネラルの不足もうつ病と関係します。一方、緑茶やコーヒーを飲むと予防効果があります。ごく最近、ヨーグルトなどの善玉菌を含んだプロバイオティクスが有効であると指摘されるようになってきました。認知症も生活習慣病といわれるようになり、同様のことが指摘されています（**図5**）。

食事スタイルとうつ病リスク

最近、エネルギー過剰摂取とうつ病リスクが双方向性の関連をもつことがわかってきました。肥満に関する各種の研究

- 総カロリー過多、糖尿病、メタボリック症候群
- 運動の予防・治療効果
- 地中海式食事vs.西欧式食事
- 健康日本食の効果
- 脂肪酸：n-3系多価不飽和脂肪酸（EPA、DHA）不足
- アミノ酸：トリプトファンなど必須アミノ酸不足
- ビタミン：ビタミンB1、B6、B12、葉酸、ビタミンD不足
- ミネラル：鉄、亜鉛、マグネシウム不足
- 嗜好品：緑茶やコーヒーの予防効果
- ヨーグルトなどプロバイオティクス（善玉菌）の有効性

図4　うつ病と関連する栄養／食生活（功刀 浩『こころに効く精神栄養学』（女子栄養大学出版、2016を改変）

を統合的にまとめると、肥満はうつ病リスクを一・五倍高めます。逆に、うつ病になると食欲が減って痩せるのではないかと思いがちですが、長期的にみると、肥満のリスクを一・五倍に高めます。メタボリック症候群も同じように、うつ病リスクを一・六倍高め、うつ病はメタボリック症候群に罹患しやすくします。糖尿病も同じです。糖尿病の方にはうつ病の方が多く、うつ病だと将来糖尿病になりやすいというデータが日本からも報告されています。

うつ病になって具合が悪いときは食欲が低下しますが、その後、食欲は比較的速やかに改善します。しかし、意欲がでない状態が長く続くと、食欲は戻っても活動量が少ないためだんだん太っていきます。太っていき種々の生活習慣病を合併すると、うつ病も治りにくくなるので要注意です。

食事スタイルとも関連します。健康によさそうな食材を豊富にもつ地中海式食事（野菜、果物、種実類、豆類、

・総カロリー過多、糖尿病、メタボリック症候群
・運動の効果
・地中海式食事vs.西洋式食事
・脂肪酸：n-3系多価不飽和脂肪酸不足
・アミノ酸：トリプトファンなど必須アミノ酸不足
・ビタミン：ビタミンB12、葉酸、ビタミンD、ビタミンE不足
・ミネラル：鉄過剰、銅過剰、アルミニウム？
・嗜好品：緑茶、赤ワインの予防効果
・サプリメントによる治療

うつ病と関連する食生活・栄養との重なりが多い

図5　認知症と食生活・栄養

シーフード、オリーブ油、穀類、一～二杯の赤ワイン）が、欧米では健康食の代名詞のようにいわれています。お酒も適量であれば健康によい方向に働きます。ただし、赤ワインを一人で一本飲んでしまうとちょっと飲み過ぎです。一方、西洋（欧）式食事は、ミートパイ、加工肉（ハム、ソーセージ、ベーコン、サラミ）、ピザ、ポテトチップ、ハンバーガー、白パン、砂糖、味付け乳飲料、ビールです。肉を食べてはいけないということはありませんが、加工肉ばかりはよくありません。エスキモーなどは肉食で肉しか食べていませんが、美味しい部分だけでなく、美味しいといったら語弊がありますが、全部食べることが大事です。パンも精製した小麦粉でつくる白パンはよくありません。西洋式食事は別名、Standard American Diet、略すとＳＡＤ（悲しい）な食事となります。アルツハイマー病やうつ病、各種の生活習慣病のリスクを高め、悲しい結末になるといわれています。

地中海式食事は健康によいことはほぼ確立されています。欧米諸国における過去一二研究による合計約一五七万人を対象とした前向き研究の総合的な解析によると、地中海式食事に準じた食生活を送っている人は、一定期間内での死亡率が低く、心臓病、がん、神経変性疾患（アルツハイマー病やパーキンソン病）のリスクも低いことが明らかになっています。

その後、うつ病でも同様の研究がなされました。スペインの健康な大学卒業生を対象にうつ病発症の追跡調査（四・四年）をしたところ、一万九四人のうち四八〇人がうつ病を発症し、地中海式食事を多く摂っていた人は、「地中海式食事スコア」がもっとも低い群と比較してうつ病発症率が低かったという結果が報告されています。ただし、地中海式の食事はやはり欧米の健康食で、日本人がそれを試したからといって健康になるとはかぎりません。日本での研究が必要です。

国立国際医療研究センターの南里明子先生のグループは、日本人の食事パターンを、健康日本食パターンと動物性食品パターン、洋風朝食パターンに分けて調べ、野菜や果物、大豆製品、きのこ、緑茶などが多い「健康日本食パターン」を摂取している人は、うつ病発症リスクが半分くらいになると報告しています（図6）。

日本食も海外では健康食といわれていま

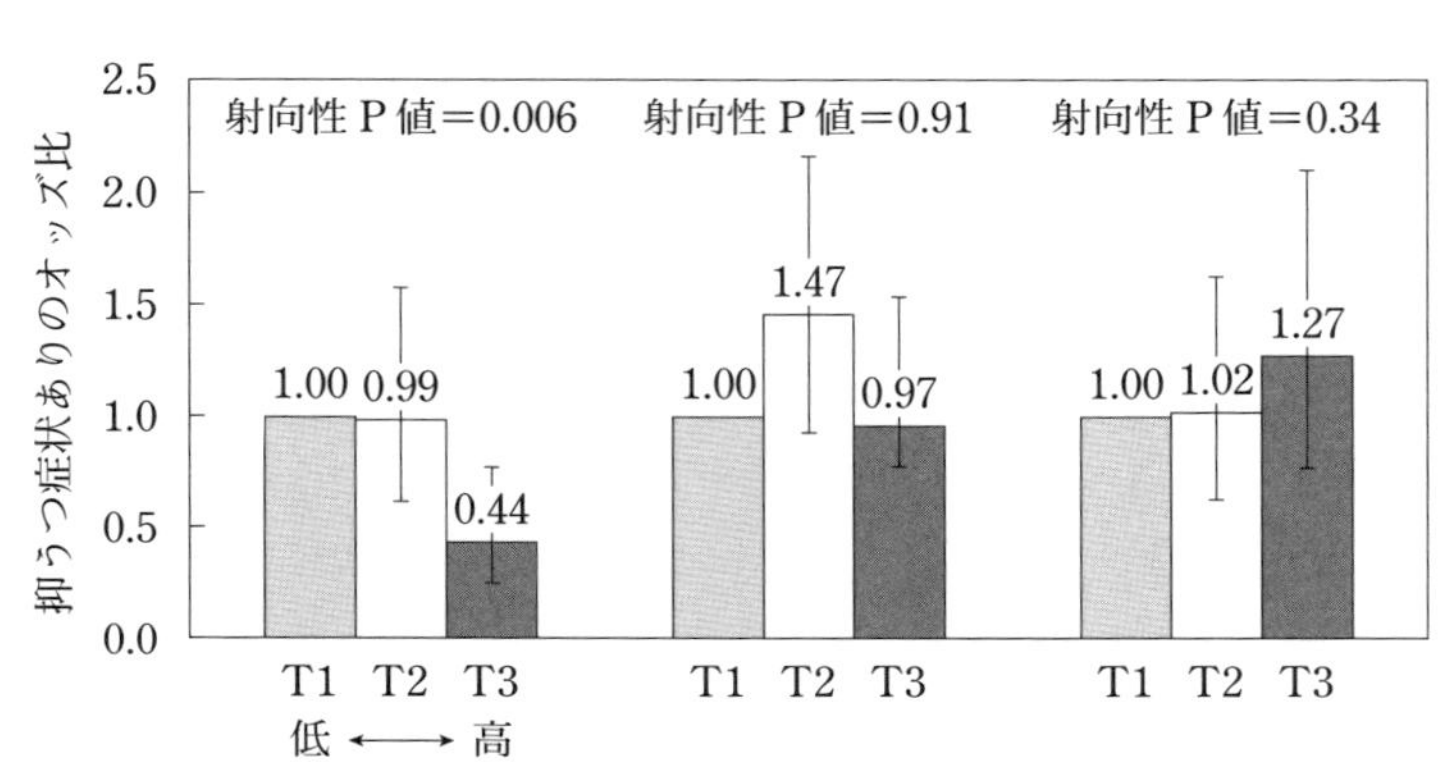

健康日本食パターン：野菜や果物、大豆製品、きのこ、緑茶などの摂取が多い
動物性食品パターン：魚介類、肉類、加工肉、マヨネーズ、卵などの高摂取
洋風朝食パターン　：パンや菓子類、牛乳・ヨーグルト、マヨネーズ、卵の高摂取とご飯やアルコール、魚の低摂取

図6　日本人の食事パターンとうつ症状（Nanri et al, 2010より）
「健康日本食パターン」の得点が高いほど、抑うつ症状ありのリスクが低下

す。弱点は乳製品が少ないことと、塩分がやや多いことです。乳製品を少し加えたり、出汁を使って塩分を控える工夫をすると、さらに健康的な食事になると考えられます。

魚摂取と不飽和脂肪酸

それぞれの栄養素についてお話しさせていただきます。まずは脂肪酸です。

脂肪酸では魚を摂らないとn-3系多価不飽和脂肪酸であるEPA（エイコサペンタンエン酸）やDHA（ドコサヘキサエン酸）が不足しがちになります。また、食の西欧化に伴ってn-3系多価不飽和脂肪酸に比べてn-6系多価不飽和脂肪酸が多くなりすぎることが指摘されています。n-3系とn-6系のバランスが重要です。簡単にいうと、n-6系は血液をドロドロにし、n-3系は血液をサラサラにする作用がありますので、どちらかが強すぎても困るわけです。血液サラサラがいいといわれますが、サラサラにしすぎると出血しやすくなってしまいます。現在の西欧化した食事だと、どうしてもn-6系に偏りがちになるので魚を摂るようにしたほうがよいといわれるようになってきました。

一九九八年にHibbelnという研究者が各国の魚の摂取量とうつ病リスクの相関を調べ、魚を摂る国のほうがうつ病リスクは低いことをランセットという有名な医学雑誌に報告しました（**図7**）。そのことを確かめるため実証的な研究が行われました。フィンランドの成人

三、二〇四人を対象とした調査では、魚をよく食べる群は、ほとんど魚を食べない群と比較して、うつ病の罹患率が〇・六倍と低くなっていました。その後、多数の研究が行われ、魚の摂取量とうつ症状と関連を見いだせなかった研究もありますが、関連を見いだした研究が多く発表されました。

二〇〇三年には、EPAやDHAを加えた治療がうつ病に効果があったことが報告されました。その後の治療効果に関する研究を総合的に検討するとやはり治療効果があると結論した論文が多く発表されています。そうした研究結果に基づいて、週に二、三回は魚を食べることが推奨されるようになっています。日本人はけっこう摂取しているのでそんなに気をつけることはないと思いますが、若い人はあまり食べなくなっているようですので要注意です。

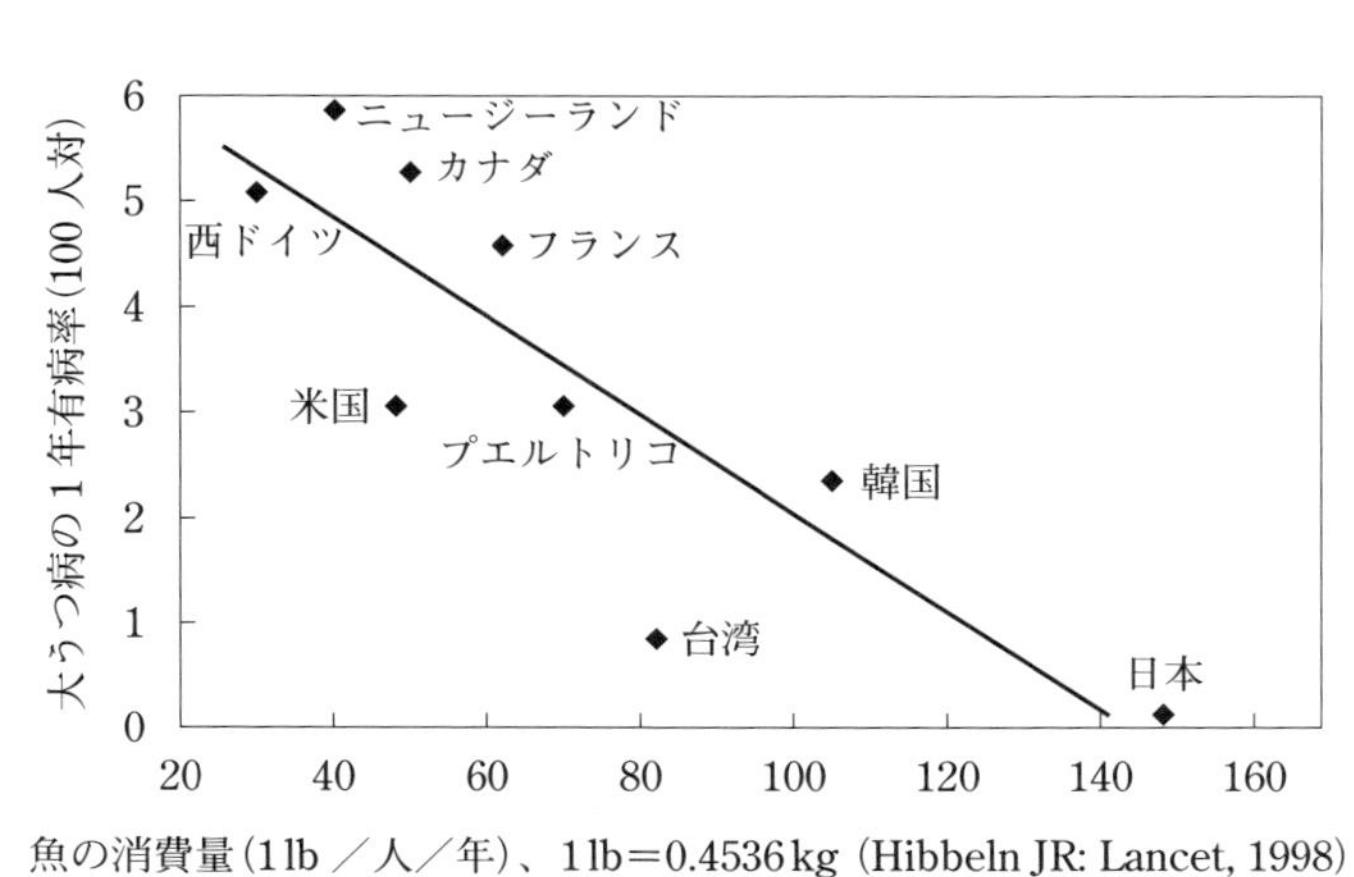

図7　国別の魚の摂取量と大うつ病の1年有病率との関連

ビタミン

ビタミンのなかでは葉酸が不足している人がしばしばみられます。葉酸はいろいろな化学物質をつくるときに必要な物質です。たとえば、モノアミンと総称される気分を調節する脳内物質であるドーパミン、ノルアドレナニン、セロトニンなどの産生にもかかわります。葉酸不足には注意しなければなりません。葉酸低値の人は現代もたくさんいます。私どものデータでは、健康な方でも一〇％ほどが葉酸低値です。うつ病の人は、なんと四人に一人が葉酸低値でした。うつ病になったら葉酸を検査することも一つの重要なポイントです。葉酸は葉物野菜やレバー、大豆製品を普段から摂取するとよいといわれています。

ビタミンDは骨の病気によく関係しますが、最近はうつ病との関係も指摘されています。ビタミンDが低いとうつ病のリスクが一・三倍になるという報告が二〇一三年に発表されました。ビタミンDはキノコや魚に多く含まれますが、大部分は紫外線が皮膚のコレステロールにあたってつくられますので、適度に日光にあたることが大事です。

ミネラル

鉄欠乏とうつ病との関係も指摘されています。鉄不足は脳の機能に影響することがわかってきています。鉄不足との関係が一番はっきりしている脳の病気は、むずむず脚症候群です。ドーパミンやセロトニン、ノルアドレナリンなどモノアミンの合成の律速酵素は鉄を必要とします。むずむず脚症候群の患者さんは鉄欠乏の人が多く、鉄を投与すると治る人が少なくありません。いっぽう、むずむず脚症候群の特効薬はドーパミン作動薬です。つまり、鉄が減るとドーパミンの機能が低下すると考えられます。鉄が脳内で不足すると、疲れやすい、いらいらする、興味・関心の低下、集中力低下といった症状が多くみられます。うつ病までいかなくても、うつ病のリスクを上げるので注意が必要です。

鉄の補充としてレバー、鰹、マグロ、イワシの丸干しなどを摂取しましょう。動物性の鉄はへム鉄といって吸収率が高いのですが、こればかりを食べるわけにはいきません。食べやすい非へム鉄の大豆、ヒジキ、シジミ、切り干し大根、小松菜、ほうれん草などは、吸収率は低いものの推奨されます。また、ビダミンCを同時に摂ると吸収率が上がるといわれています。鉄欠乏の人はとても数が多く、妊娠可能な女性だと五人に一人が鉄欠乏貧血で、二人に一人が貯蔵鉄不足ともいわれています。明らかな鉄不足の場合、食事だけの補給では間に合わず、鉄剤を投与します。うつ病でも鉄分が不足していないかしっかり検査することが望まれます。

亜鉛もうつ病と関係するといわれています（図8）。

・亜鉛は脳内に多く含まれており、神経細胞のシナプスで神経伝達物質を貯蔵しているシナプス小胞に多く含まれている(Huang 1997)。
・亜鉛が欠乏すると、味覚障害のほか、うつ病症状や気分変調症が生じる。
・大うつ病患者の血亜鉛濃度は健常者と比較して有意に低かったという報告が複数ある(Hansen et al 1983 and McLoughlin and Hodge 1990)。
・大うつ病患者48人と32人の健常者の研究では、亜鉛濃度がうつ病の重症度と相関していた(Maes et al 1994)。
・ポリリン酸などの食品添加物は亜鉛の吸収を阻害。
⇒加工食品ばかり摂っていると危険。
・亜鉛が豊富な食事：魚介、肉類、玄米、豆類、海藻、野菜、豆類、種実など特にかき、うなぎ、牛肉

図8　亜鉛とうつ病

表2　うつ病にかかわる栄養素と食品

栄養素	多く含む食品
ビタミンB1	豚肉(赤身)、うなぎ、玄米、ナッツ
ビタミンB2	レバー、うなぎ、納豆、卵
ビタミンB6	刺身、レバー、鶏肉、納豆、ニンニク、バナナ
ビタミンB12	貝類、レバー、ノリ
葉酸	葉物野菜、納豆、レバー
トリプトファン	牛乳、乳製品、肉、魚、ナッツ、大豆製品、卵、バナナ
メチオニン	牛乳、乳製品、肉、魚、ナッツ、大豆製品、卵、野菜(ホウレンソウ、グリーンピース)
チロシン	牛乳、大豆製品、魚(鰹節、しらす干し)、乳製品、肉、卵、アボカド
DHA、EPA	青魚(さばやイワシなど)
鉄	レバー、赤身肉、魚貝、海藻、青菜類、納豆
亜鉛	かき、うなぎ、牛肉、レバー、大豆製品

うつ病にならないために

以上のように、うつ病との関連がいろいろな栄養素で指摘されていますが（表2）、バランスのよい食事を心がけることでうつ病を予防できますし、治療にも役立ちます。うつ病にならないための朝食メニューとしては、

・主菜：できるだけ全粒穀物にして、量は控えめにする。
・副菜：豊富な野菜に質の高いたんぱく質（肉、魚、大豆、卵）をきちんと摂る。
・汁物：野菜、海藻、きのこなどの具だくさんな味噌汁やスープ、ただし塩分は控えめに。
・果物やヨーグルトなどの乳製品
・食後に緑茶やコーヒー

といったメニューできちんと摂ることが理想的です。朝食をしっかり食べることは生活習慣改善の基本です。朝食を欠食している人はうつ病リスクが上がるというデータも多数の国の研究から報告されています。

ここでよい食事に緑茶がはいっています。緑茶について、少し詳しくお話ししましょう。

緑茶の効用

緑茶は昔から健康によいといわれています。お茶を輸入し普及させたのは臨済宗の開祖、

栄西です。栄西は『喫茶養生記』を鎌倉時代に著し、「茶は養生の仙薬なり。延齢の妙術なり。山谷之を生ずれば其の地神霊なり。人倫之を採れは其の人長命なり」と書いています。そのあと、千利休が茶道として大成しましたが、それはお茶にはこころを癒やす効果があるためと考えられます。

実際にうつ病の方と健康な方で調べると、私どものデータではうつ病患者は健常者と比較して、緑茶を飲む頻度が少ないことがわかりました（**図9**）。コーヒーを飲む頻度も多くありませんでした（**図10**）。同様の報告が最近いくつかの研究室からも発表されています。東北大学のグループは、仙台市の七〇歳以上の一、〇五八人の地域住民に対して、うつ病症状と緑茶を飲む頻度との関連を調べたところ、一日四杯

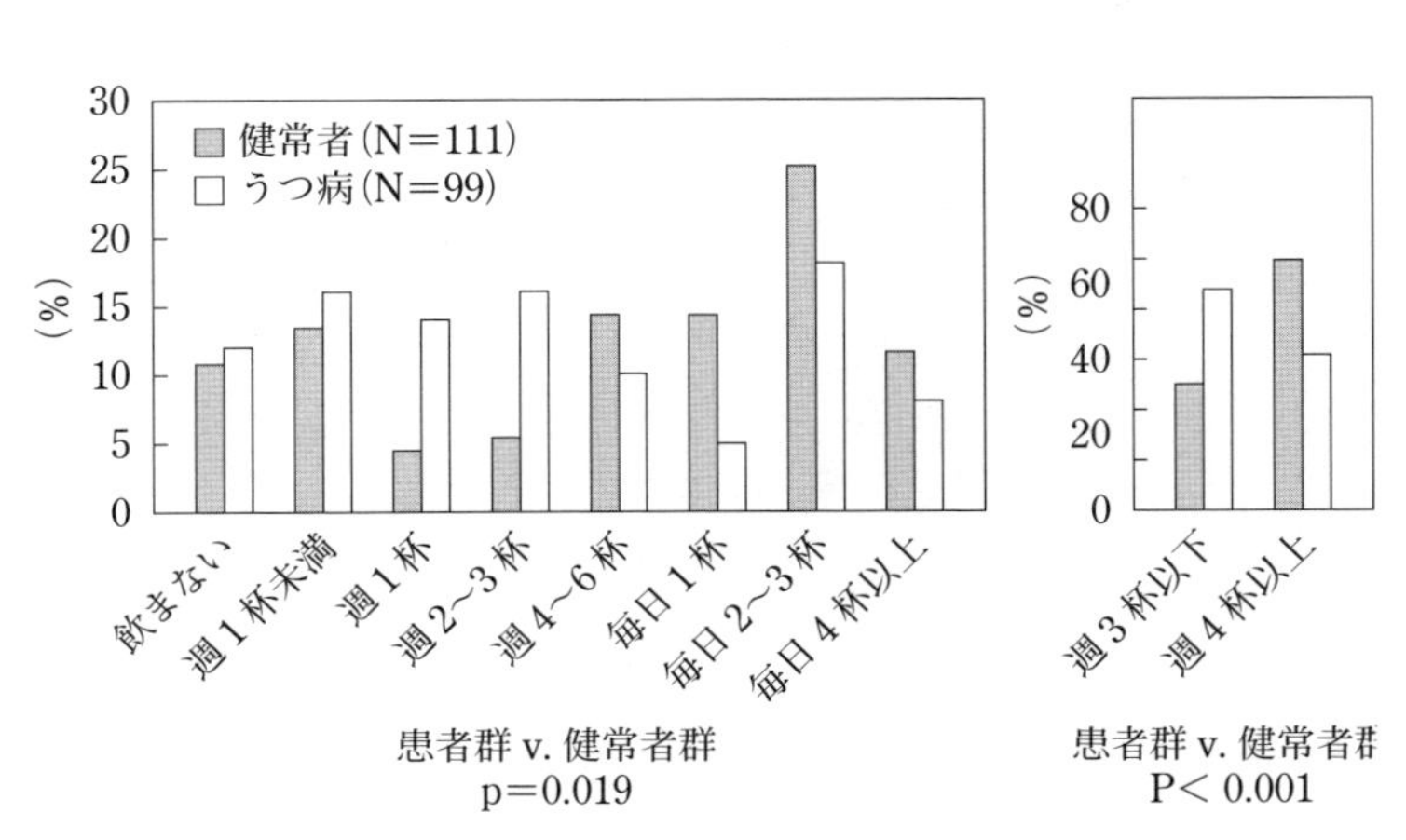

図9　うつ病患者は緑茶を飲む頻度が少ない
（古賀ら、New Diet Therapy 2013より）

以上飲んでいた群は一日一杯以下の群と比較してうつ症状をもつリスクが有意に低かったと報告しています。北九州市の市役所職員での調査でも同じような結果がでています。緑茶を一日四杯以上消費していた群は、一日一杯以下の群と比較してうつ症状をもつリスクが五一％低下していました。コーヒーも一日二杯以上消費していた群は、一日一杯未満の群と比較してうつ症状をもつリスクが有意に低下していたと報告されています。

認知症との関係もごく最近、報告されています。石川県の認知機能障害のない六〇歳以上の四九〇人を平均四・九年、追跡調査したところ、五・三％が認知症、一三・一％が軽度認知機能障害を発症しましたが、緑茶を毎日飲んでいる群はまったく飲まない群と比較してリスクが三分

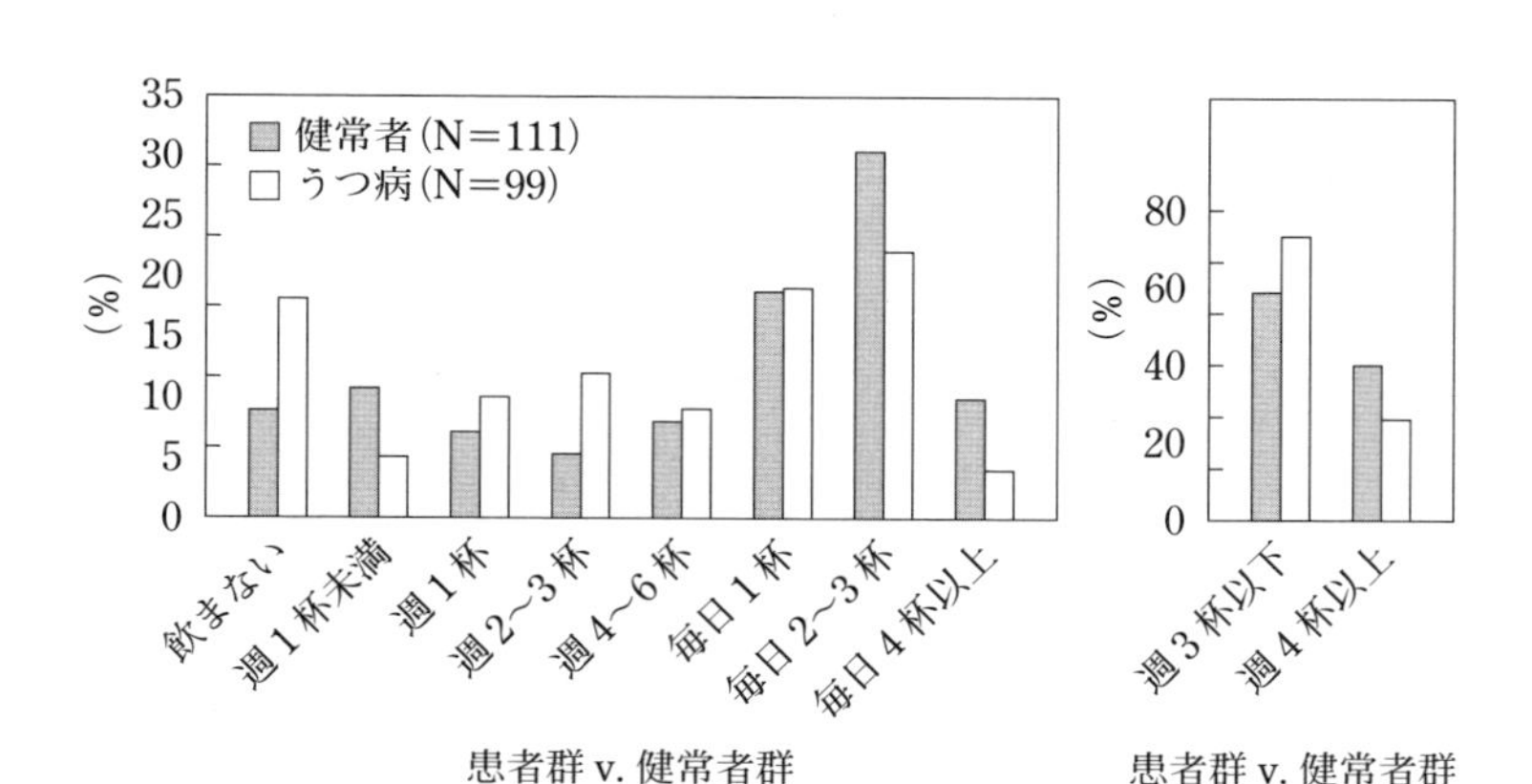

・紅茶・烏龍茶は有意な関連なし
・コーラ・ジュースはうつ病患者群で多かったが、有意差なし

図10　うつ病患者はコーヒーを飲む頻度が少ない
（古賀ら、New Diet Therapy 2013より）

の一ほどに低下していたという驚くべきデータです。

緑茶には種々の健康増進作用があります。さきほどの講演でも、「苦いのになぜ飲むのか?」という話がありましたが、おそらく健康によいから人は思わず飲んでしまうのだと思います。特に、健康に効果的な成分としてカテキンやカフェイン、アミノ酸が含まれています。アミノ酸のなかにテアニンという成分が多く含まれています。カテキンの効果は皆さんご存じの通り、いろいろな生活習慣病に有効です(**図11**)。

私はテアニンに注目しています。テアニン(γ-グルタミルエチルアミド)は、グルタミン酸のγ-エチルアミドです。緑茶のうま味成分は主にテアニンです。このアミノ酸は日本人の酒戸によって一九五〇年に発見されました。その後一九六四年に食品添加物(調味料)として指定されています。

このテアニンは、茶の木の根でつくられますが、葉にあがってきて日光にあたるとカテキンの合成に使われます。つまり、日光にあたるとテアニンはなくなってしまいます。そのため、玉露は茶葉を日光に二〇日以上あてないで栽培したものをいいます。抹茶や玉露にはテアニンが非常

1) 抗酸化作用、活性酸素消去作用
2) 抗菌作用、腸内細菌の改善
3) コレステロール上昇抑制作用
4) 血糖上昇抑制
5) 血圧上昇抑制
6) 抗腫瘍作用
7) 抗アレルギー作用
8) 血小板凝集抑制作用
9) 紫外線吸収作用
など

図11　カテキンの効果

に多く、番茶だとテアニンの量は六分の一ほどになります。お茶の値段を決めているのはテアニンなのです。

テアニンの効果を図12にまとめます。テアニンには昔からリラックス効果、睡眠改善効果があることが知られていました。近年になり、記憶力改善、意欲改善作用、感覚情報処理改善作用なども報告されています。私どもは、うつ病様行動をみるために強制水泳テストという動物実験を行ったところ、テアニンを投与したマウスのほうが投与しないマウスよりよく泳ぎましたので、テアニンには意欲改善作用があることが示唆されました。そこで次にうつ病患者に投与する臨床研究を行いました。オープン試験（プラセボ投与群との比較を行わず、投与群で症状が改善されるか否かをみるだけの臨床試験）ですが、症状を速やかに改善

- リラックス効果（ヒト）
  - ・40～50分後に脳波でα波が増加、血圧低下作用
- 睡眠改善作用（ヒト）
  - ・睡眠中の覚醒時間や入眠までにかかる時間の減少
  - ・睡眠に対する満足感の上昇
- グルタミン酸による興奮毒性からの保護（動物）
- カフェインによる興奮作用の抑制（動物）
  - ・痙攣抑制
  - ・自発行動量増加の抑制（ただし、テアニン単独では行動量を減少させない）
  - ・脳波変化の抑制
- 記憶力改善作用
- 感覚情報処理改善作用（動物：われわれの研究）
- 意欲改善作用（ヒト・動物：われわれの研究）
- 統合失調症の症状軽減作用（ヒト）

図12　脳や心に対するテアニンの効果

することが観察されました。

このようにテアニンは非常に興味深い成分です。もし味わってみたいと思ったら、玉露を買って、茶葉を多めに入れ、ぬるめのお湯（五〇～六〇度前後）で入れてください。お湯が熱すぎるとカテキンが溶け出しますがテアニンはあまり溶け出しません。二～三分じっくりかけて、最後の一滴まで絞りきって、小さめの茶器で少しずつ飲むと、リラックス効果や意欲改善作用がでてくるかもしれません。お試しください。

腸内細菌とうつ病

最後に、腸内細菌に関する最新のデータを紹介します。脳と腸は相互作用しています。特にストレス反応に関係していることが知られています。腸内細菌叢が改善すると腸の透過性が改善します。腸は外の物質との境目です。あまり毒になるようなものがはいってこないようにしていないといけないわけです。腸内細菌がしっかりしていないと腸の壁がゆるんでしまい、毒になるものが体内にはいってきて体調を崩したり、脳機能を崩したりします。そのため私どもは腸内細菌と精神疾患との関係も研究しています。

患者さんの便をとり、善玉菌の数を調べてみました。これまで動物実験で善玉菌が多いとストレス対処がうまくいくとか、ストレス反応が和らげられるといった結果は報告されていましたが、人の研究データがほとんどありませんでした。そこで、調べてみたところ、ビフィズス菌は患者さんに比べて健常者のほうが有意に高く、乳酸菌のなかでも乳酸桿菌は患者さんで少ない傾向がみられました（**図13**）。

はっきりとした原因がないのに下痢や便秘などの便通異常を伴う腹痛や腹部不快感が慢性的に繰り返され、不安やストレスを感じると症状が強くなる病気は過敏性腸症候群と呼ばれ、腸内細菌が関与している可能性が指摘されています。なにか緊張すると下痢とか便秘とかお腹が不快になって仕事や生活面に支障がでてくるような方は、意外に先進国に多くなっています。実際、私どもの研究でも大うつ病性障害の患者さんでは三三％が過敏性腸症候群を併発していました。健常者も一二％が合併していましたが、うつ病患者さんのほうが有意に多い結果でした。この過敏性腸症候群の有無と腸内細菌の関係

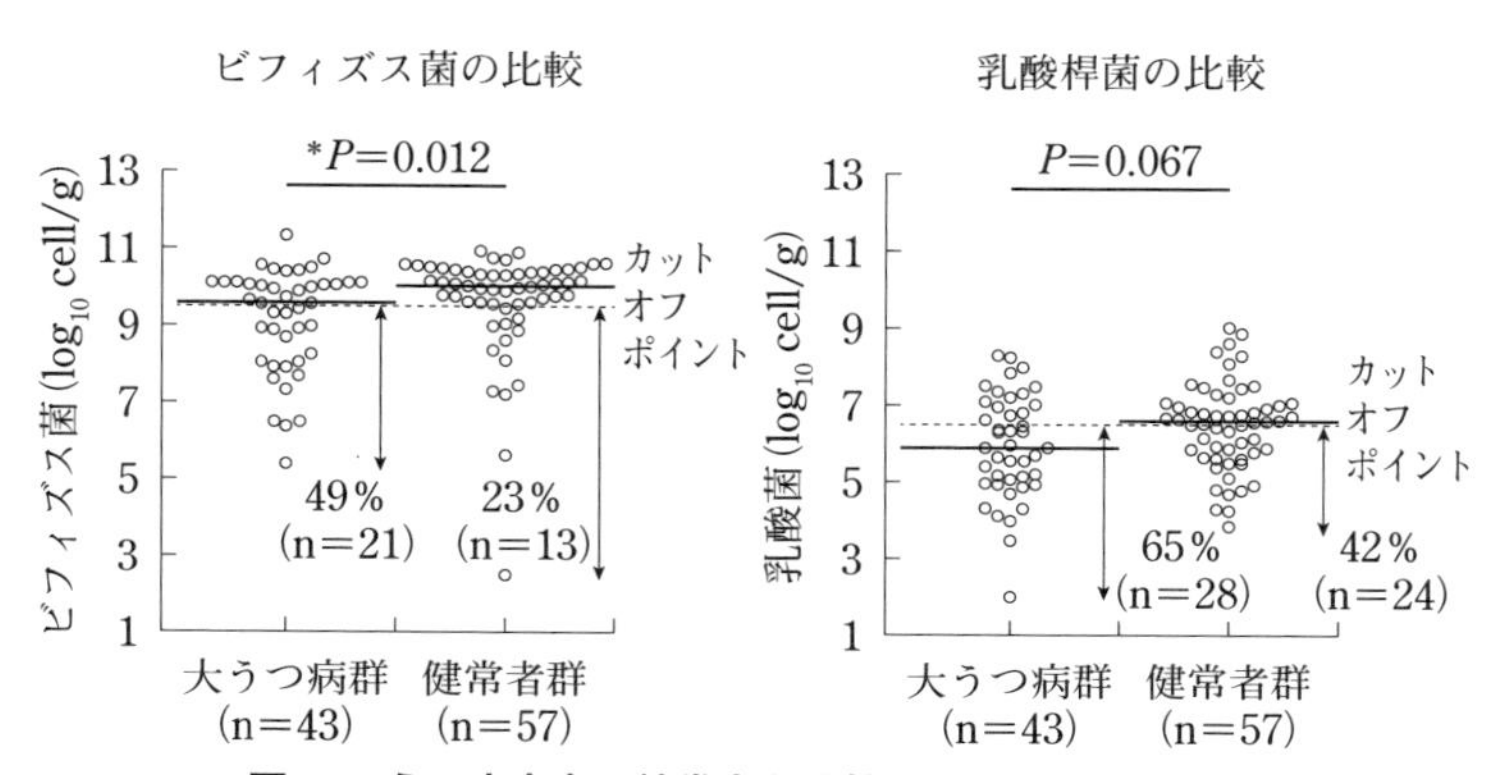

図13　うつ病患者は健常者と比較して善玉菌が少ない
(Aizawa et al, J Affect Disord, 2016)

も、ビフィズス菌や乳酸桿菌が少ないと過敏性腸症候群が起こりやすいという結果を得ました。

では、日頃ヨーグルトや乳酸菌飲料を飲んでいるとどうでしょうか。私どもが調査したうつ病患者さんでは、ヨーグルトを飲む回数が少ないとビフィズス菌の量が少なくなっていました（**図14**）。ごく最近、うつ病患者さんに善玉菌を薬のように飲むと症状が改善されるかどうか検討する臨床試験が海外から発表されましたが、それによれば、善玉菌を服用したうつ病患者群はそうでない群と比較して症状が有意に改善したと報告されています。まだ報告は少なく、これだけで結論をだすのは時期尚早ですが、善玉菌をうつ病治療に使用することの効果については、今後多数の研究によって検証されるでしょう。

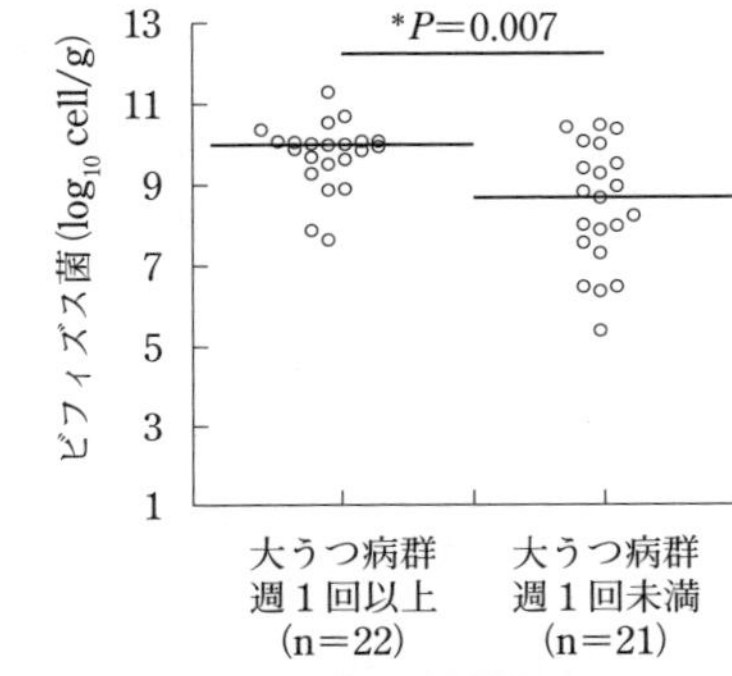

図14　大うつ病性障害患者のヨーグルトや乳酸菌飲料の摂取頻度と腸内のビフィズス菌の比較（Aizawa et al, J Affect Disord, 2016）

雑多な話でしたが、現代の食生活の変化があるなかで、うつ病と関係する食事・栄養素と、テアニンや腸内細菌に関する研究の成果をご報告させていただきました。詳しくは『こころに効く精神栄養学』（女子栄養大学出版）に書かせていただきましたのでよろしければご覧いただければ幸いです。

質疑応答

司会＝水澤　英洋

水澤●うつ病にはバナナを食べさせて走らせるとよいという話を聞いたことがありますが、どうでしょうか。

功刀●走ることは非常に効果的です。ストレスがかからない適度なランニングは有効です。バナナはトリプトファンが多く摂れることからうつ病にもよいと思います。

水澤●うつ病のとき走るとよいといわれても、疲労感が強くて運動するとさらに疲れがでて、かえって悪化するのではないかという話があります。これについてはどうでしょうか。

功刀●できる範囲内でやっていただくのがよいと思います。急性期では、調子がよいときに五分運動することから始めます。午前中の調子が悪いときにやらなくてかまいません。午後になると、うつ病の人はわりと調子がよくなりますので、そのときにまず五分、翌週は一〇分、その次は一五分と、段階的にふやしていくと無理なくできます。

そのようなかたちでやっていただいて、最終的には一日四〇分くらいウォーキングできるようにすればかなり有効だと思います。

水澤●うつ病ではモノアミン系が重要だということになっていますが、n-3との関連について教えてください。

功刀●n-3系多価不飽和脂肪酸とモノアミンとの関係ですが、n-3系は抗炎症作用があります。少なくとも一部のうつ病では軽い炎症が要因として重要視されています。炎症があるとトリプトファンというアミノ酸からキヌレニンという物質ができやすくなり、セロトニンができなくなるという関係があります。n-3系をしっかり摂ると炎症が減り、気分の安定に重要とされるセロトニンもできやすくなります。

水澤●それではこれでこのセッションを終わらせていただきます。

脳を創る

Ⅳ章

味と匂いを数値化する

九州大学大学院システム情報科学研究院
主幹教授
都甲　潔

昔はお酒をまったく飲みませんでしたが、いまは相当飲んでいます。実験をはじめると、お酒の味を自分で味わわなければいかんということに気づきました。主観と客観を統一させなければいかんと思っていて、自分の舌を使って実験しています。もちろん味覚センサのほうが精度が高いです。

味は五つの基本味から構成される

坊やとお母さんとお姉さんがコーヒーを飲んでいて、坊やが「苦い」といったあとで「まずい」といい、お母さんは「普通だわ、おいしい」、お姉さんは「ぜんぜん苦くない、もの足りない味ね」といっています。味は三者三様に感じ方が違うことから、味を論評できるのかが問題です。ところが、お姉さんもストレスがたまっていて苦味に鈍感になっている可能性もあります。ご存知かもしれませんが、ストレスがたまると苦味に鈍感になります。したがって、仕事のあとのビール一杯はおいしく感じますが、あまり苦いとおいしく感じません。お姉さんも明日、仕事が無事に終わって万歳ということで解放感でストレスがなくなって同じコーヒーを飲んだら、「苦い」というかもしれません。三者三様です。一人をとってみても今日と明日と明後日で味の感じ方が違うことになります。

そのような味を、数値化できるのでしょうか。

人の五感のうち視覚、聴覚、触覚は、光、音、圧力という単一の物理量をつかまえています。「属性」といってもよいですね。属性とは、いま私がもっているポインタは、長さは一五センチメートルほど、重さは二〇グラムほどあります。このように、私たちは属性を数値化します。私たちが存在していようがいまいが、このポインタの長さと重さは存在します。それを数値化する行為を世間では「測定」するといっています。

ところが、味や匂いは、僕ら人間が自分で感じます。では、僕らの感性も数値化できるか、計測できるかといった、けっこう哲学っぽい問題になります。

ここで復習です。味には五つの基本味があります。酸味、塩味、苦味、甘味、うま味です。うま味にはグルタミン酸ナトリウム（昆布）やイノシン酸ナトリウム（肉、鰹節）、グアニル酸ナトリウム（椎茸）などがあります。つまり、植物系のうま味と動物系のうま味がありますが、これらは日本人が発見した基本味です。僕いつもいうのですが、うま味を発見したのも、和食が世界文化遺産に登録されたのも、また味覚センサを発明したのも、みんな日本です。なんて日本人て味に造詣が深いのでしょう。

脳で感じる味と舌で感じる味

私たちは日常、一般的に「味」という言葉を使います。僕らが心に思う、口にだしていう味は、まさしく頭のなかで考え、脳で感じるわけです。チキンラーメンを発明した安藤百福が著した『食欲礼賛』には、「味というのは微妙なものである。歯ざわりや舌で感じるだけでなく、目で見る色彩、鼻で嗅ぐにおいも関係してくる」とありますし、伏木亨先生（京都大学、現・龍谷大学）は『食品と味』のなかで、「味…味覚が嗅覚、視覚、聴覚と複合することにより生じる知覚」と記述しています。わかりますね。僕らがいったん心で思って口にだしていう味、もしくは、これどんな味というときの味は、五感全部がはいっているのです。これらはまさしく主観です。いまのＡＩでも無理です。将来的には、私が発明した味覚センサがあるので、そのノウハウを使えば数値化できるかもしれませんが、現時点では無理です。僕らが脳で思うような味は表現できません。

ところが、もう少し考えてみましょう。主観は数値化できませんが、味神経もしくは味細胞で感じる味は、じつは客観です。どうして客観かというと、脳に電極を刺して電圧を記録すると、どういった類の性質の味物質かがわかります。ということは、脳での味は、いまは数値化できませんが、舌で感じる味、味神経で感じる味は計測できます。ベロで感じる味は数値化できるということです。

ところで、話変わって、粘菌は面白い生物で、ライフサイクルのなかに植物期と動物期がありります。植物のときはキノコで、動物のときは一個の細胞となってまさしく動きます。粘菌は苦味を避けて動きます。どうやら粘菌は苦いものが嫌いなようにみえます。

ちなみに、この会場におられる方はほとんど大人ですから、ビールはそんなに不愉快でもなく飲まれると思います。場合によっては好んで飲みます。ところが、赤ちゃんにビールを飲ませると、ペッと吐きます。まさかそんな実験をする人は絶対いないと思いますが、ビール好きな赤ちゃんにあったことがありません。少なくとも赤ちゃんはビールは嫌いです。人間は、赤ちゃんのころ苦いものを嫌います。単細胞生物であるアメーバ、ゾウリムシ、それから粘菌も苦いものを嫌います。人間も小さいころは単細胞生物と同じです。なぜでしょうか。

ここで一本のリンゴの木を考えてみます。動かない植物は、一般に動物から身を守るため、食べられるのを防ぐために幹や葉に毒をつくります。主としてアルカリ系の毒物です。この毒物を僕らが口にすると、なんというか。言語を操るホモサピエンスは「苦い」といいます。漢方薬は苦いですよね。

でも、リンゴの実には種子がはいっています。子孫繁栄のためには種子をあちこちにばらまく必要があります。動物に食べてもらって、あちこちに落としてもらい、そこから芽が生えて新しいリンゴの木が成長します。見事な子孫繁栄戦略です。そのためには、リンゴの実を食べてもらうための条件が必要です。動物が食べて栄養源となる、エネルギー源となるということが条件です。僕ら言語を操る人間は、リンゴの実を食べると「甘い」といいます。デンプンやタンパク質です。苦味と甘味には、もともとそういった意味があるのです。

ということで、甘味はエネルギー源です。苦味は毒性の警告であることがわかります。このように五つの味もしくは七つの味には、それぞれ意味があります（**表1**）。僕ら生物はそのように進化してきたわけです。

味覚センサの開発と展開

いまから二七年前の一九八九年、味覚センサを特許出願（日本、米国、英国、フランス、

表1　7つの味を生じる物質と各味の意味するところ

味	何から生じるか（主な物質）	意味するもの、特徴
甘　味	ショ糖（砂糖）、ブドウ糖、人工甘味料	エネルギー源
塩　味	ナトリウムイオンに代表される金属系陽イオン	体液バランスに必要なミネラルの供給
酸　味	酢酸、塩酸、クエン酸など、酸が解離して生じた水素イオン	新陳代謝の促進、腐敗のシグナル
苦　味	カフェイン、テオブロミン、キニーネ、フムロンなど	毒性の警告
うま味	グルタミン酸ナトリウム（MSG） イノシン酸ナトリウム（IMP） グアニル酸ナトリウム（GMP）	生物に不可欠なアミノ酸、ヌクレオチド類（核酸のもと）の供給
渋　味	タンニン系の化合物	粘膜表面のたんぱく質や苦味レセプターを介する
辛　味	カプサイシン、アリルイソチオシアネート、ピペリン	温熱、痛みのレセプターを介する

ドイツ）しました。全世界に基本特許をもっていましたが、二〇年で切れています。私は特許を八〇件ほどもっているんです。特許出願後の一九九三年に、当時のアンリツ（株）から味認識装置が試験発売され、一九九七年には正式に販売されました。二〇〇二年には、（株）インテリジェントセンサーテクノロジー（略称：インセント）というベンチャーと、もう一つ（株）味香り戦略研究所（略称、味研）を設立しました。現在この二つの会社が活躍しており、それなりに儲かっています。インセントが味覚センサを製造・販売し、味研が味覚センサで食品を測定したデータベースを配信しています。もう三万食品ほど測定してデータベース化しています。**図1**は、最新の味覚センサです。国際的に独自性を現に有している技術です。

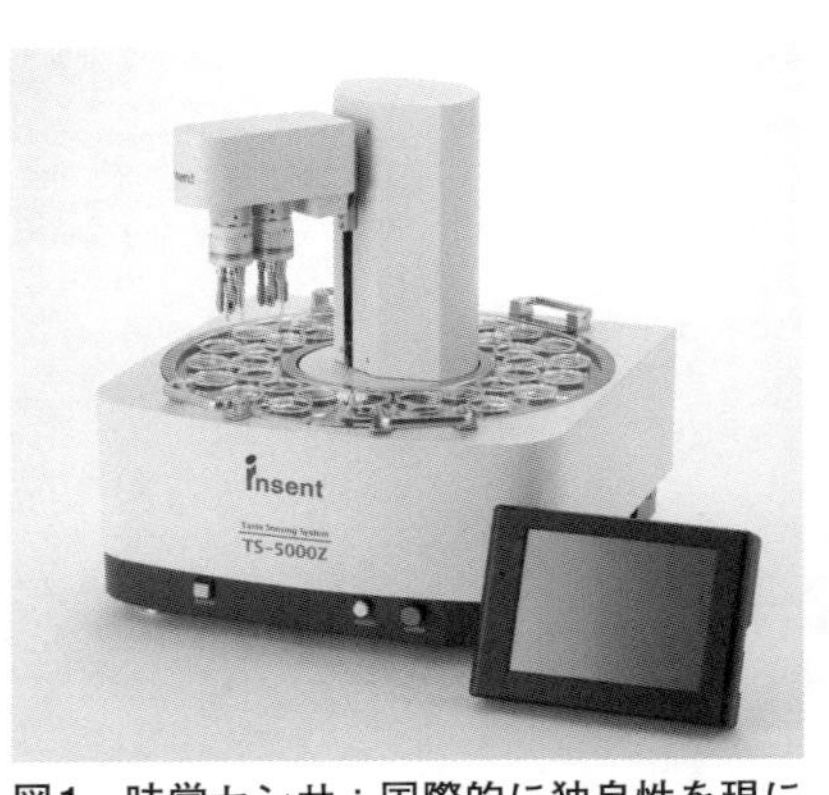

図1　味覚センサ：国際的に独自性を現に有している技術
味認識装置（TS-5000Z、（株）インテリジェントセンサーテクノロジー製）

このセンサの模式図が**図2**です。脂質と可塑剤とポリ塩化ビニルからなっています。脂質は石鹸と同じです。図で丸が水によくなじむ親水性の部分で、二本の鎖が水をはじく疎水性の部分です。シャーレのなかに脂質とポリ塩化ビニルと可塑剤と溶媒を入れると、溶媒は蒸発して、時間とともに厚みが〇・二ミリメートルから〇・三ミリメートルになります。これを水のなかで使います。水のなかでは脂質が自分で動いて親水性の部分が**図2**のような構造となります。これは自己組織化の典型例です。自己組織化とは、自分で自分をつくることです。ミョウバンの結晶や雪の結晶は自己組織化して自分で自分をつくりあげます。ちなみに、テレビは故障しても自分では治りません。いまの電気製品は故障して自分で治す機能はもっていません。脂質膜は自分で修復します。僕らの身体も怪我をしたら修復しますよね。自分で治します。この脂質膜は自己組織化を世界で初めて成功させた例です。

味のものさしでビールを測る

味覚センサを使うことで「味のものさし」が発明されました。たとえば、**図3**に示す数値が、味覚センサの

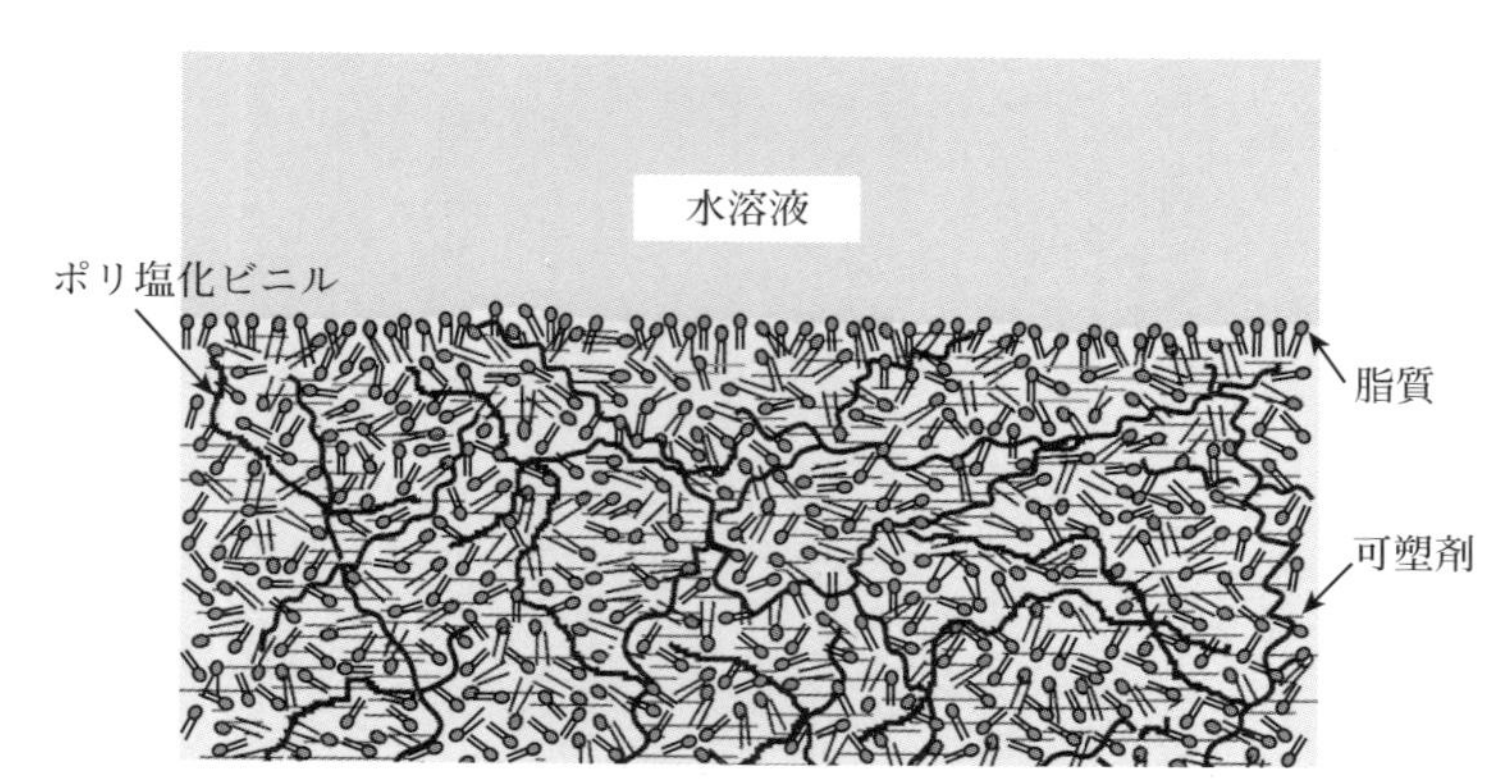

図2　味覚センサの受容膜（脂質／高分子膜）の模式図

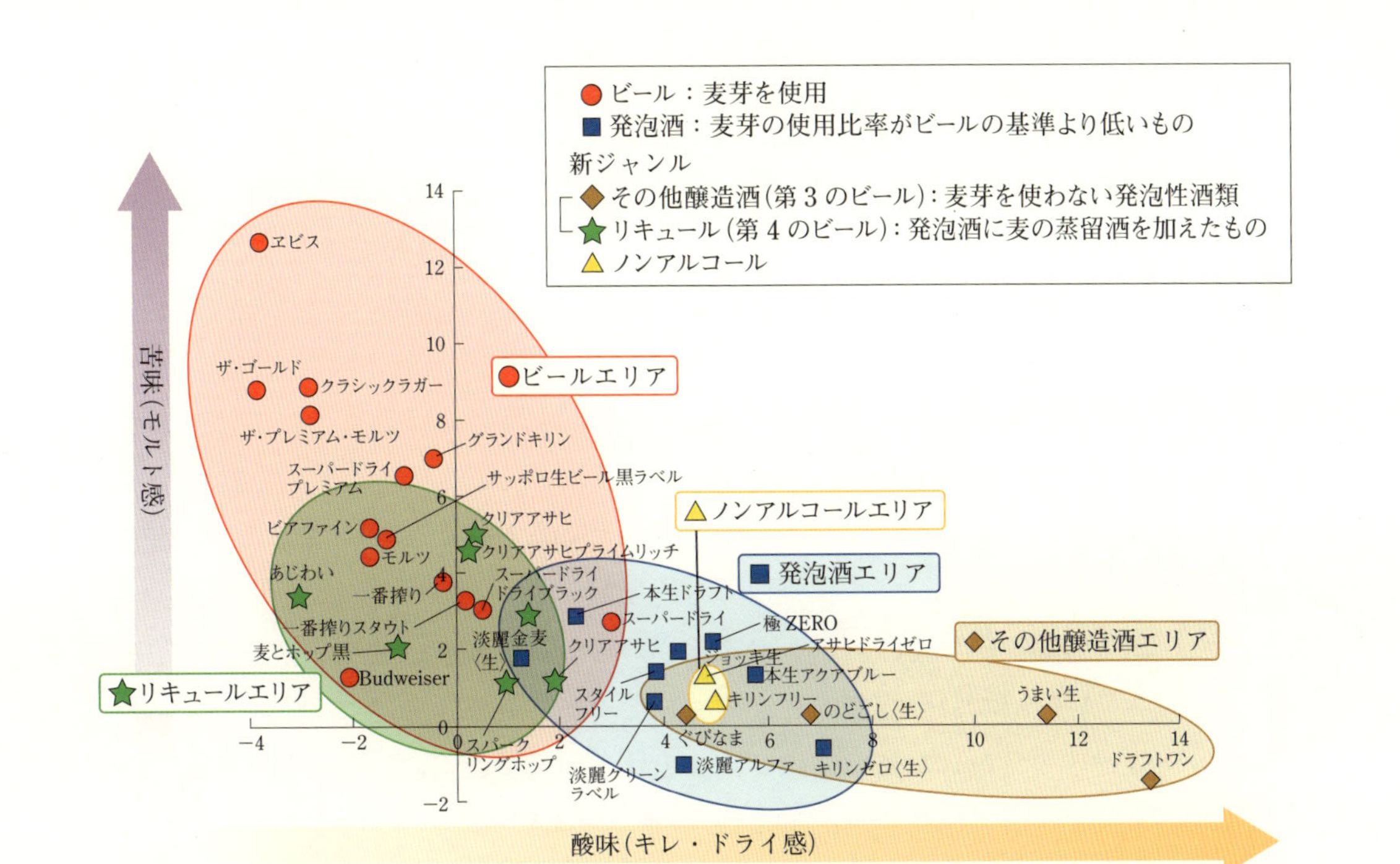

図3　ビールや発泡酒などのテイストマップ（提供：（株）味香り戦略研究所）

ものさしで各種のビール類を測定した値です。たとえば、ヱビスビールは苦く、スーパードライはうたい文句どおりです。苦味を抑えて辛口のキレ、ドライ感があるビールで、発泡酒になると苦味がなくなって、酸味（キレ、ドライ感といっている）が強くなります。新ジャンルの第三のビールは、また別のグループとなり、苦味がなく酸味が強いという感じです。そしてリキュールは面白いですね。リキュールはビールに戻るんです。また、ノンアルコールビールは別のグループになります。

図3をじっとご覧いただくと、売れる理由がよくわかるものもあります。費用対効果を考えると、どのへんにいるか。

このテイストマップは人気があります。食卓でこれを見ながらビールを飲むと、話題が花開くんですね。

僕らは舌で味を感じます。味覚センサは舌で感じる味を客観的に数値に表すことに成功しました。したがって、これは商品開発に使われています。全世界で四百台以上使われています。セブンイレブンをはじめ日本でもあちこちのコンビニで使われています。

世界のビールを測定したのですが、世界のビールも日本のビールもあまり差がありません。僕は海外にいくと、けっこうその国の宣伝をしてあげます。たとえば、フランスにいったら、クローネンブルグ１６６４はおいしいとかいいます。中国にいったらいったで、チンタオはいいよねといいます。これを見せると外国人も非常に喜びます。

日本のビールも世界のビールも味にあまり差はありませんが、地ビールはけっこう冒険できます。たとえば北海道の「大雪ピルスナー」は苦味、うま味、コクが際立っています。なぜこのようなことができるのかというと、地ビールはそんなに長期保存の保証をしなくてもよいからです。

ワインを測ってみると、ワインでは渋味の要因がものすごく大事であることが味覚センサでわかります。安価なワインは酸っぱいだけです。渋味と酸味のバランスで味の深みをつくるんでしょうね。このようなことが一発でわかります。味を見ることができるんです。

図4は宣伝です。「鹿児島ハイボール」は、九州大学が、世界初、日本発で開発した味覚センサで味わいを証明したもので、九州大学のオリジナルグッズとして九州大学の生協で発売をしています。ちなみに全日空でも夏限定で機内販売をしているので機内で飲めます。

味の合成

市販のスポーツ飲料の味パターンは**図5**のようになっています。そこで、酸味としてクエン酸、塩味として食塩、甘味としてショ糖、苦味としてキニーネの四種類で、濃度の違う二五六通りの溶液をつくりました。これを味覚センサで測り、そのデジタルデータからあいだを補完して一万通りの味パターンをコンピュータ上でつくりました。それらのなかで、市販のスポーツ飲料に一番味が近いのはどれかといったら、クエン酸二ミリモルと食塩五〇ミリモル、キニーネ〇・二ミリモル、ショ糖一〇〇ミリモルの合成味溶液でした。これは二〇年前のことで、この合成味飲料を自ら飲みました。飲んだら市販のスポーツ飲料と同じ味がしました。つまり、味覚センサを使うことによって、市販のスポーツ飲料と同じ味をつくることができたのです。

ところが、この話には注意しなければいけない点があります。キニーネはマラリヤの薬です。昔から「良薬口に

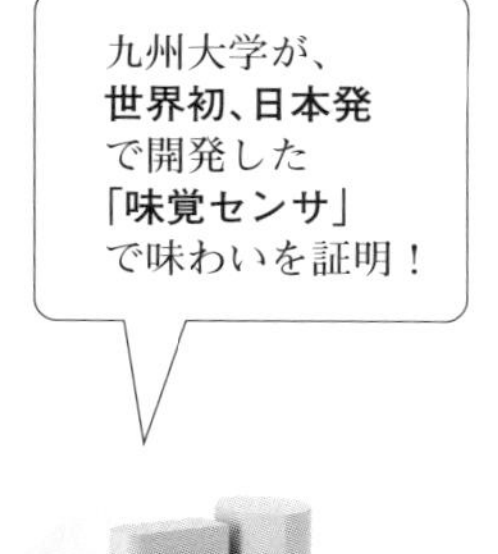

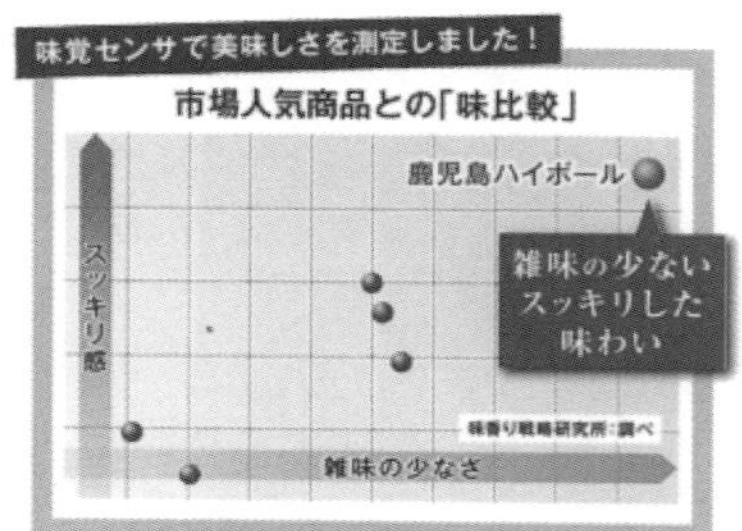

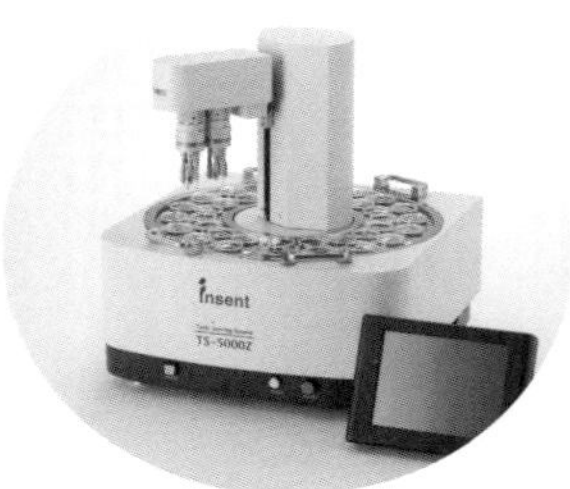

図4　味覚センサを用いた「鹿児島ハイボール」の味わい証明

苦し」で、薬と毒は紙一重です。健常人にとってキニーネは必ずしも薬ではありません。場合によっては毒です。こういったものが市販のスポーツ飲料にはいっているはずがありません。でも、僕らは同じ味をつくることができるんです。

味はバーチャル

では、味ってなんなのでしょう。

味ってバーチャルです。味覚センサがあるいまは、五つの味、酸味と甘味、苦味、塩味、うま味に分解しさえすれば、時間と空間を越えて、おふくろの味、伝統の味、秘伝の味を再現することができます。

色の世界には明度、色合い、彩度の三つがあります。光は三原色、RGBからなっている世界です。RGBで色を合成することができます。プロジェクタは色を再現しています。つまり、味の世界でも色の

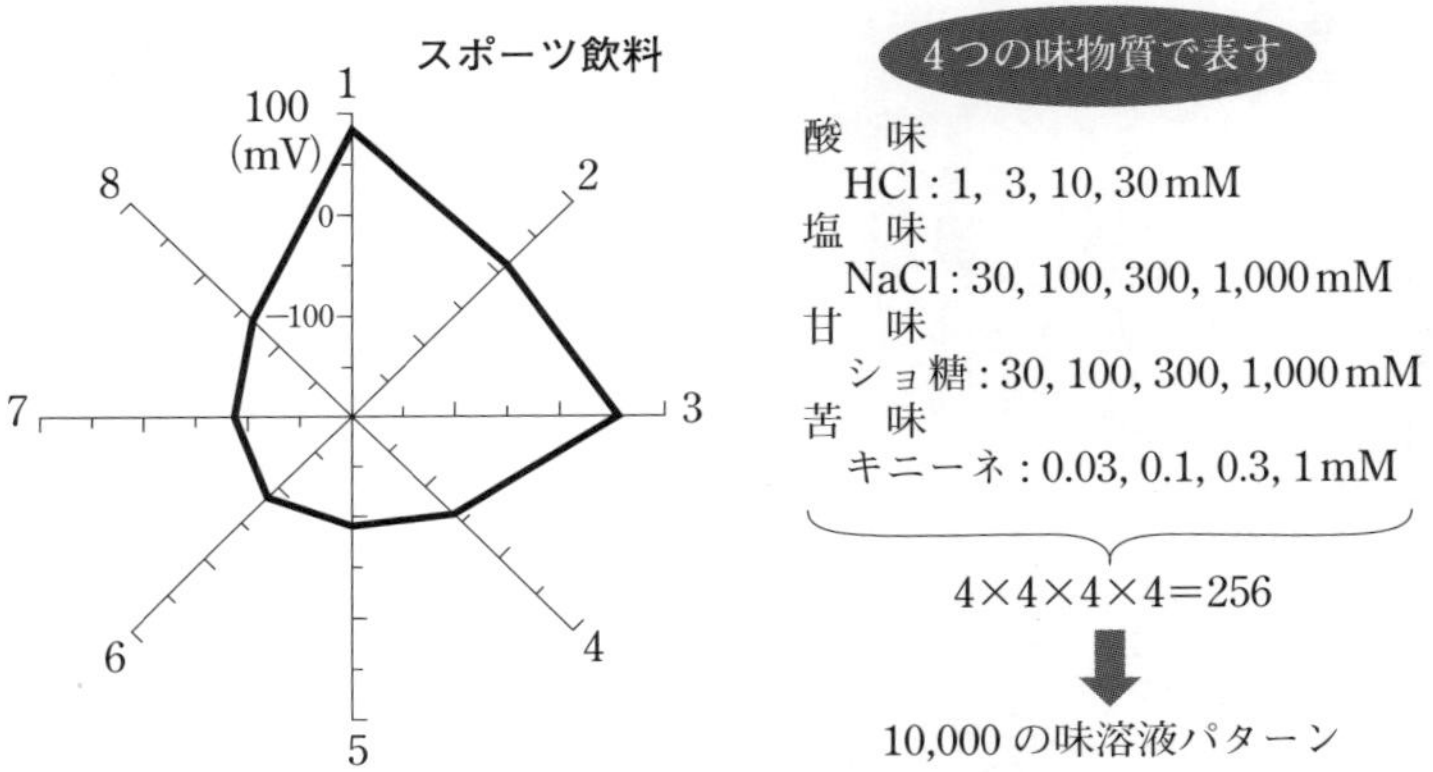

図5 味の合成

世界と同じことを行うことができます。いまや味覚の世界も、視覚や聴覚と同じ世界になりました。二一世紀になってやっとそうなったのです。

ちなみに、『ハイブリッドレシピ』を電子書籍化して好評絶賛発売中です（**図6**）。目次を**図7**に紹介します。そこで星印が多いのが、そっくりの味になるレシピです。たとえば、コーンスープの味は、普通の牛乳一〇〇グラムに細かく切り刻んだタクアン一〇グラムを足して、牛乳を温めて一〇分くらいするとできます。三〇分放置したらタクアン漬けかなんかわからない変な味ですので、一〇分くらいでお試しください。

また、しょうゆラーメンにあるものをあわせると豚骨ラーメンになります。私は福岡生まれの福岡育ちで、実家をでたことは一回もないというか、研究室をでたことも一回もないという珍しい人間です。福岡はなんといっても豚骨ラーメンです。でも、しょうゆラーメンになにをあわせると豚骨ラーメンになるかというと、意外な結果です。バニラアイスクリームです。これはテレビスタジオで実験しましたし、あち

電子書籍化

飛鳥新社より発売中!!

九州大学大学院
主幹教授
都甲　潔

世界で初めて「味覚センサ」を発明し、味を計測したことで数々の賞を受賞されている味覚研究のエキスパート

図6　『ハイブリッド・レシピ』

もくじ

本書の使い方 2

ハイブリッド・レシピ70

★★★★★★★★

01 麦茶+牛乳+砂糖=コーヒー牛乳 10
02 サザンカンフォート+ジンジャーエール=オロナミンC ... 12
03 牛乳+たくあん=コーンスープ 14
04 山芋+豆腐+塩コショウ=ホワイトソース 16
05 プリン+きなこ=わらびもち 18

★★★★★★★⯪

06 アボカド+醤油=トロ+醤油 20
07 きゅうり+ハチミツ=メロン 22
08 納豆+マヨネーズ+ソース=お好み焼き 24
09 味噌ラーメン+マヨネーズ=とんこつラーメン 26
10 うどん+つゆ+ヨーグルト=グラタン 28

★★★★★★★☆

11 バニラアイス+醤油=みたらし団子 30
12 ヨーグルト+豆腐=レアチーズケーキ 32
13 ようかん+バター=スイートポテト 34
14 牛乳+酢=ヨーグルト 36
15 牛乳+オロナミンC=ミルクセーキ 38
16 醤油ラーメン+アイスクリーム=とんこつラーメン 40
17 梅干+牛乳=チーズ 42
18 たまり醤油せんべい+牛乳=チーズ 44
19 アマレット+コカコーラ=ドクターペッパー 46
20 キムチ味スナック+ガーリック味スナック=餃子 48
21 ひきわり納豆+生クリーム=ピーナッツバター 50
22 ショコラ味のバランスアップ+フリスク=焼き芋 52
23 うなぎの肝+クリームチーズ=フォアグラ 54
24 シーチキン+都コンブ=しめ鯖 56
25 イカの塩辛+生クリーム=ショートケーキ 58
26 バニラアイス+卵焼き=クレープアイス 60
27 チーズ+ハチミツ=甘栗 62
28 焼き栗+醤油=あわび 64
29 ヨーグルト+マヨネーズ=クリームチーズ 66
30 豆乳+ハチミツ+白味噌=甘酒 68
31 トマト+砂糖=イチゴ 70

★★★★★★⯪☆

32 甘納豆+ブランデー=マロングラッセ 72
33 アポロチョコ+ベビースター塩味=カレー 74
34 ホットレモンティー+水溶き片栗粉=こんにゃくドリンク ... 76
35 プリン+ウスターソース=とんかつ 78
36 海苔の佃煮+クリームチーズ=ウニ(瓶) 80
37 みかん+海苔+醤油=イクラ 82
38 かつお入り梅干+マヨネーズ=ホットドック 84
39 生クリーム+ハチミツ+トマトジュース=甘酒 86

図7 『ハイブリッド・レシピ』の目次

こちのイベントでも実験していいます から間違いありません。お子さんがむちゃくちゃ喜んで口にします。

さらに話を進めますと、じつは、JALは味覚センサを用いてコーヒーをつくっています。コーヒーの豆は、年によって出来、不出来が激しく、舌が敏感な、舌を鍛えこんだ、脳を鍛えこんだブレンダーがあわせながらつくるのですが、どうしても時間と経費の最適化が難しいことから、JALは味覚センサを用いてつくっています。味覚センサでつくったコーヒーはおいしい。酸味と苦味が際立っています。つまり、目的の味を定めれば、それにしたがって簡単に合成することができます。

食文化・食産業のグローバル展開

農水省が「from Japan, by Japan, in Japan」をうたい文句にしていることから、味覚センサを使って多様な消費者のニーズを調べてみました。自分が欲しいと思ってつくったものが、受け入れられるかどうか、**図8**をご

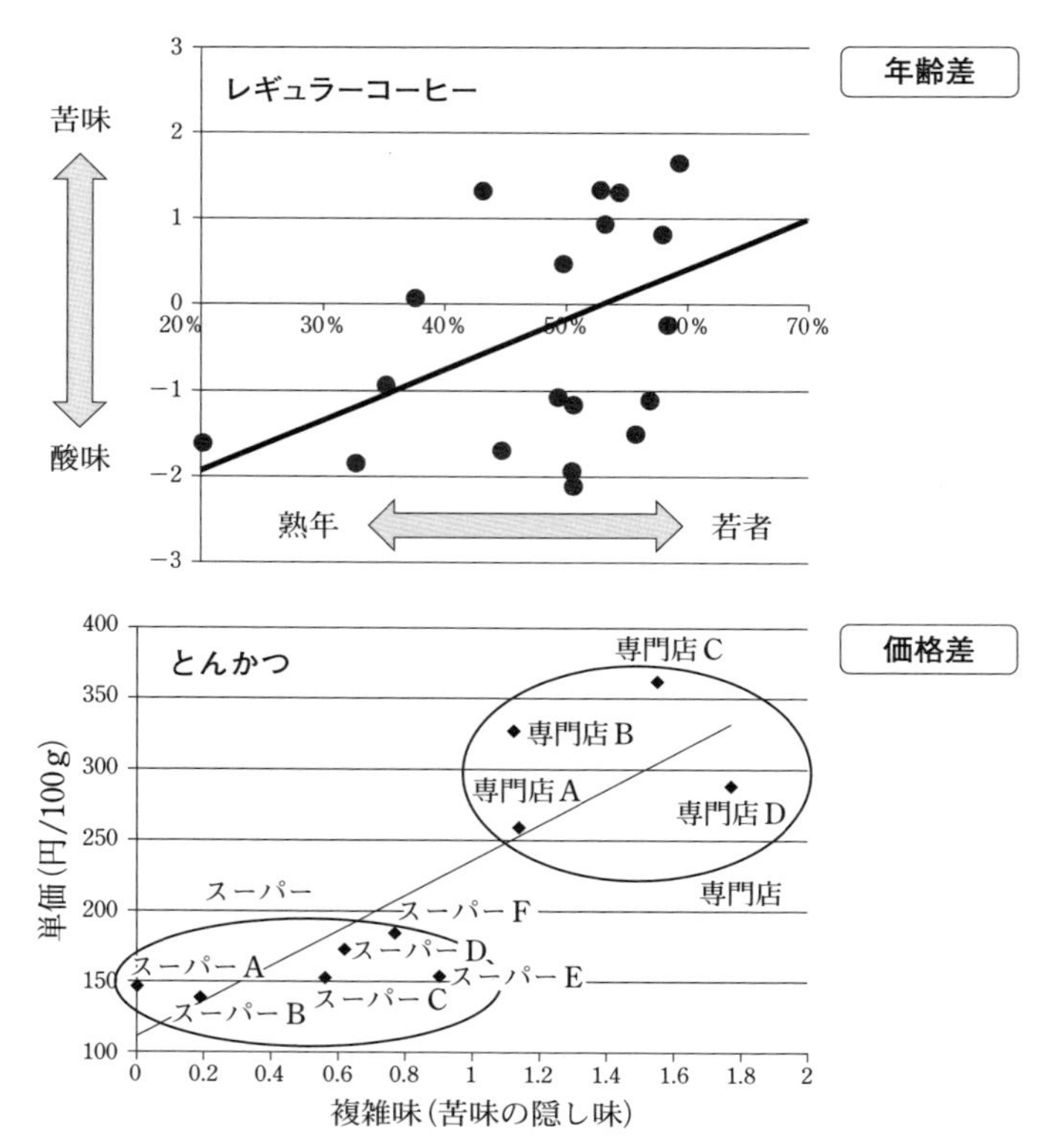

図8　マーケティング：多様な消費者のニーズを徹底分析
自分がおいしいと思ってつくったが、受け入れられるとは限らない！
(提供：(株) インテリジェントセンサーテクノロジー)

覧ください。図8の左上は、うどんの地域差を表しています。関東のうどん、大阪うどん、四国のうどんで味が違うことがわかります。

また、レギュラーコーヒーは、年配の方のほうが酸味が好きで、若い人は苦いコーヒーを好みます。

とんかつの価格差には驚きました（図8右下）。とんかつ

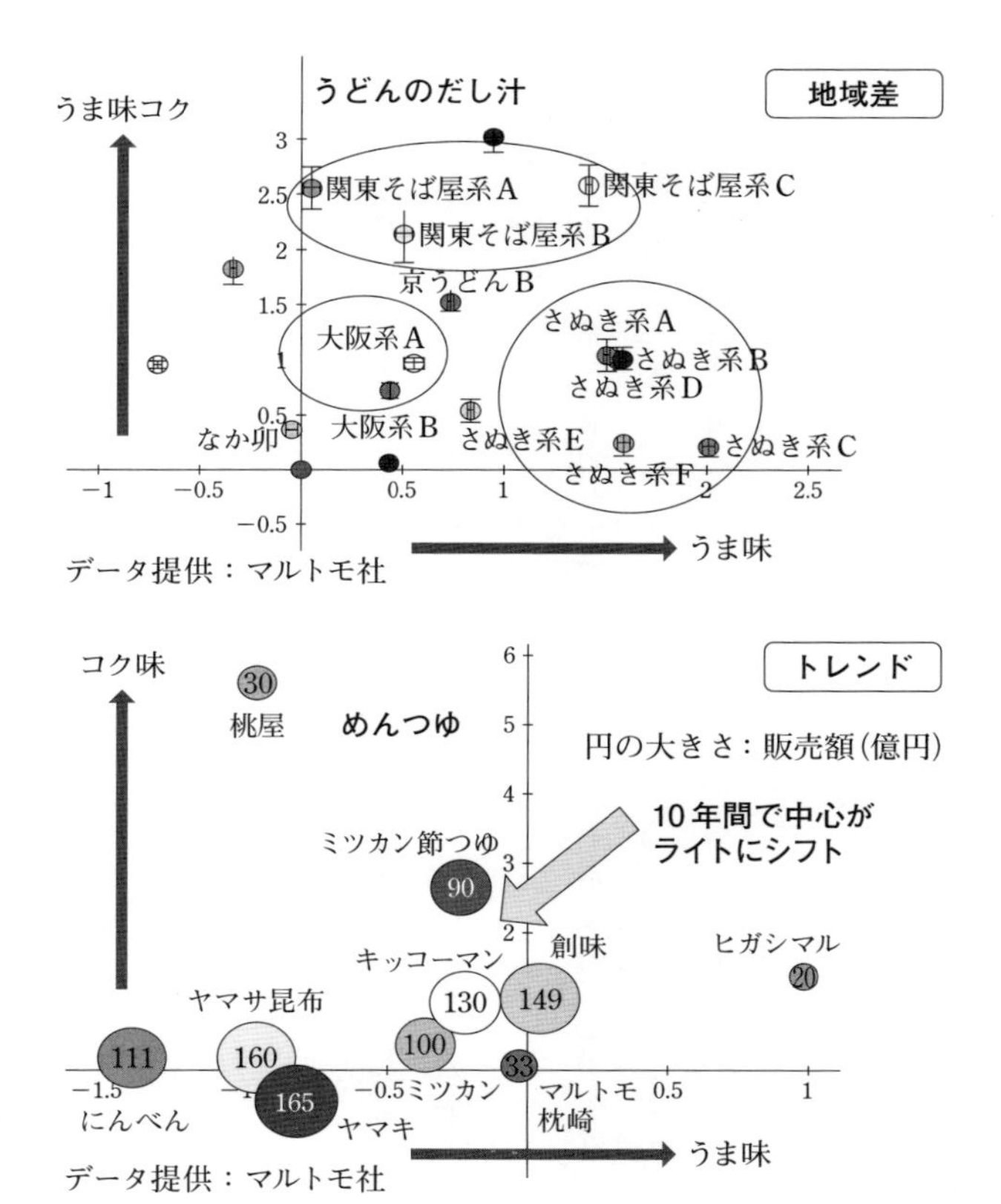

はあちこちで売られています。縦軸が値段、横軸が複雑味（苦味の隠し味）です。なんと専門店のとんかつには苦味があり、普通のスーパーのもっと安いものには苦味はありません。苦味は食品では一般に嫌がられる味ですが、ある程度は必要なんですね。日本酒にも若干の苦味があります。苦味がないと水っぽくなります。こんなことが一発でわかってしまいます。

そこでJETRO（日本貿易振興機構）がいろいろな調査をしました。これは関連のデータですが、日本のカップラーメンのスープとベトナムのカップラーメンのスープは違うんです（図9）。日本はどうもうま味と塩味の両方強い感じです。また、中国はうま味が強くて塩味がありません。日本は塩味が多いといった好みがあります。

ローソンでは、ワインの味を味覚センサで視覚化しています。どんな味かを視覚化して宣伝しています。私はこれを「食譜」といっております。楽譜があるからバッハやベートーベンの曲を再現できます。同じような意味で、味覚センサで食譜をつくっています。まさしく味のデータベースです。それでもって、おふくろの味、伝統の味、秘伝の味を未来につなぐことができる世界に僕らはいるということです。

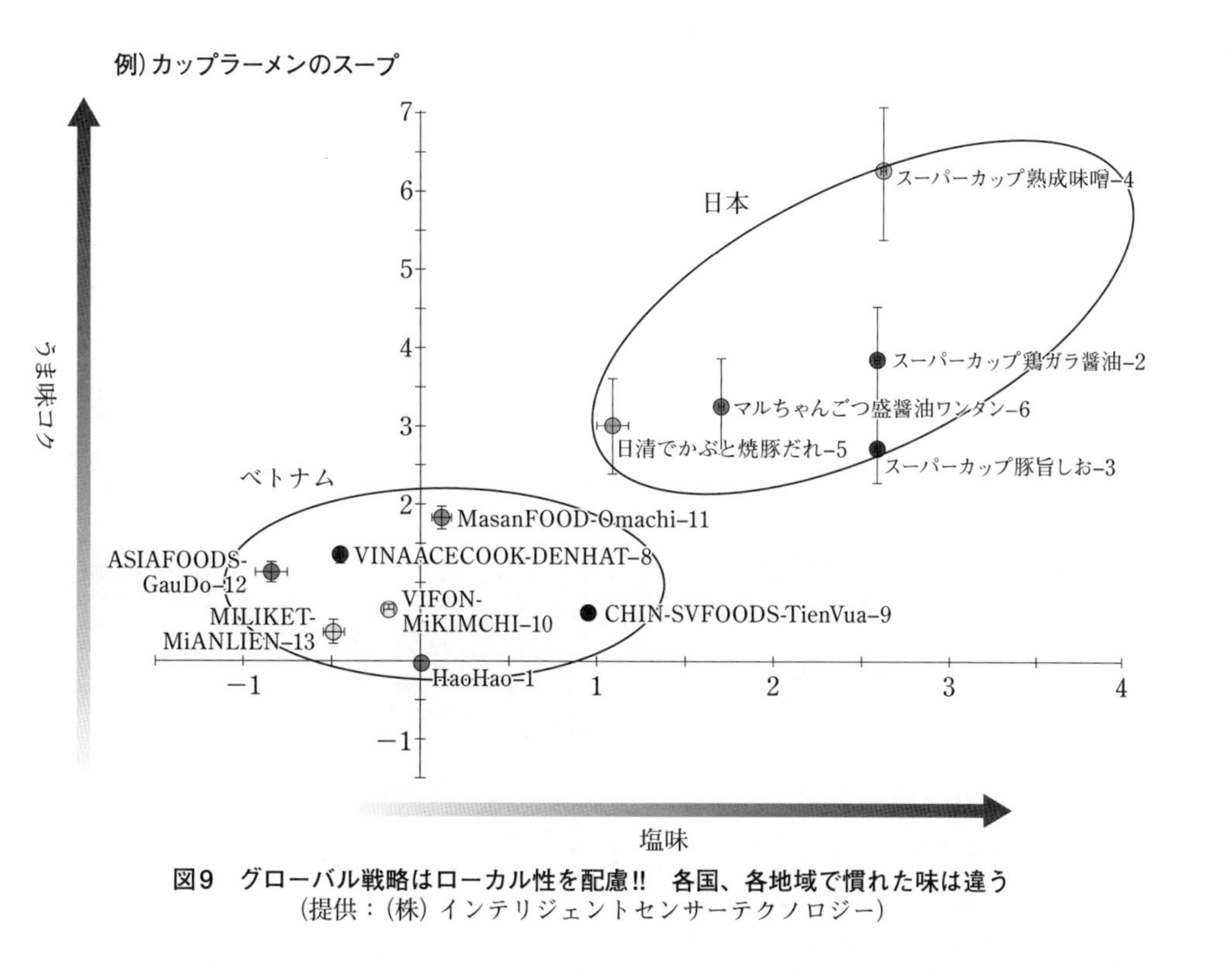

図9　グローバル戦略はローカル性を配慮!!　各国、各地域で慣れた味は違う
（提供：(株) インテリジェントセンサーテクノロジー）

匂いセンサ

匂いセンサはまったく違った測定方法、いわゆる電気抵抗を測る方法を用いていています。匂いセンサの場合は分子を認識する構造が必要です。そこで、金の表面にいろいろな構造をつくり（**図10**）、まずベンゼンを認識する構造を開発しました。このセンサで実際にベンゼンとエタノールを測ってみると、電気抵抗変化がベンゼン濃度とともに大きくなります。これでベンゼンを認識するセンサができたことがわかります。

測定した匂い物質を**図11**に示します。アルコールと芳香族化合物と芳香族アルコールです。アルコールは

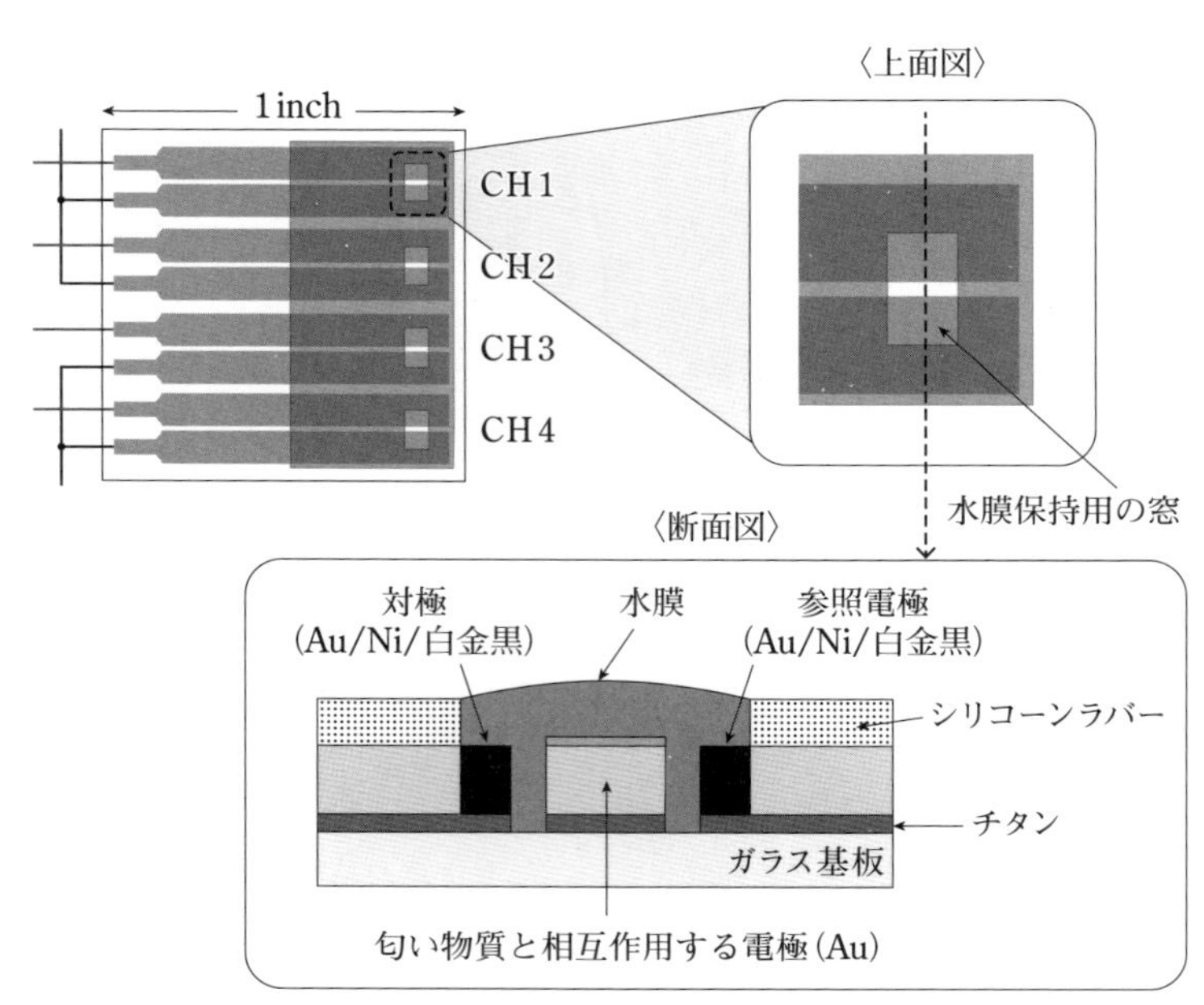

図10　4チャネル匂いセンサの構造

水酸基ＯＨ、芳香族はベンゼン、いわゆる薬品系の香りです。芳香族アルコールは六角形アルコール、つまりベンゼンとアルコール、お酒の中間みたいなものです。ベンジルとアルコールはジャスミン臭で、ベータフェネチルアルコールはバラの香りです。この右二つのフェネチルアルコールはシンナー臭です。ほんのわずか構造が違うだけで、医薬品系の匂いになったり、よい香りになったりします。こういった匂いの質を再現できないか、測定できないかと考えました。

その結果が**図12**です。横軸はアルコールの匂い強度、縦軸はベンゼン環の臭いの強度です。芳香属化合物と芳香族アルコール、アルコールでそれぞれグループをつく

アルコール

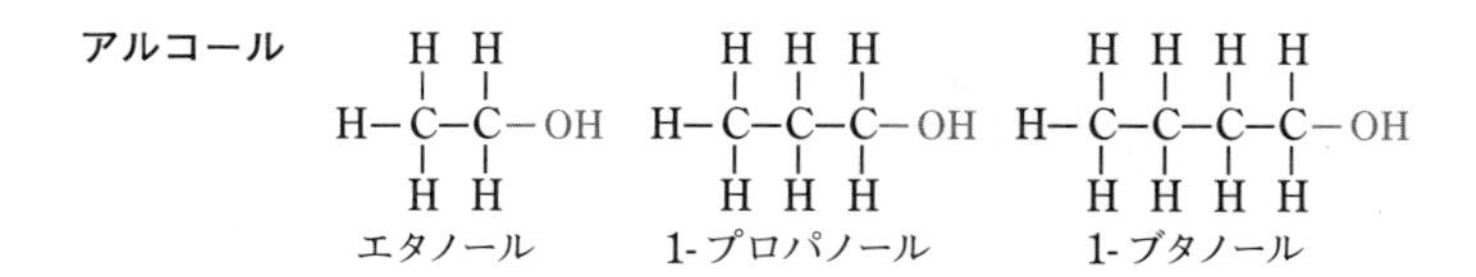

芳香族化合物

ベンゼン　トルエン　エチルベンゼン

芳香族アルコール

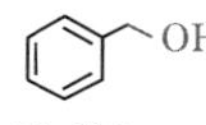

β-フェネチル アルコール　S-(-)-*sec*-フェネチル アルコール　R-(+)-*sec*-フェネチル アルコール

ジャスミン臭　バラの香り　シンナー臭

図11　測定した匂い物質

ります。そうすると、左上のこの部分はシンナー臭でなんとなく面白くない薬品系の匂いで、時計回りでここにいくとまだシンナー臭です。さらにこっちにくると、バラやジャスミンの香り、右下へくるとお酒の匂いと、匂いが変化します。匂いの質をきちんと数値化できるセンサをつくることに成功したことがおわかりいただけるかと思います。

これは色と一緒です。匂いがうつるんですね。緑から黄緑から黄色から橙から赤から、紫から青といった感じで色がうつります。平安時代に「色がうつる」と小野小町はいいました。英語でいえば「change」です。まさしくこのように色がうつっていく、匂いがうつっていく世界が、どうやらまあまあ再現できました。

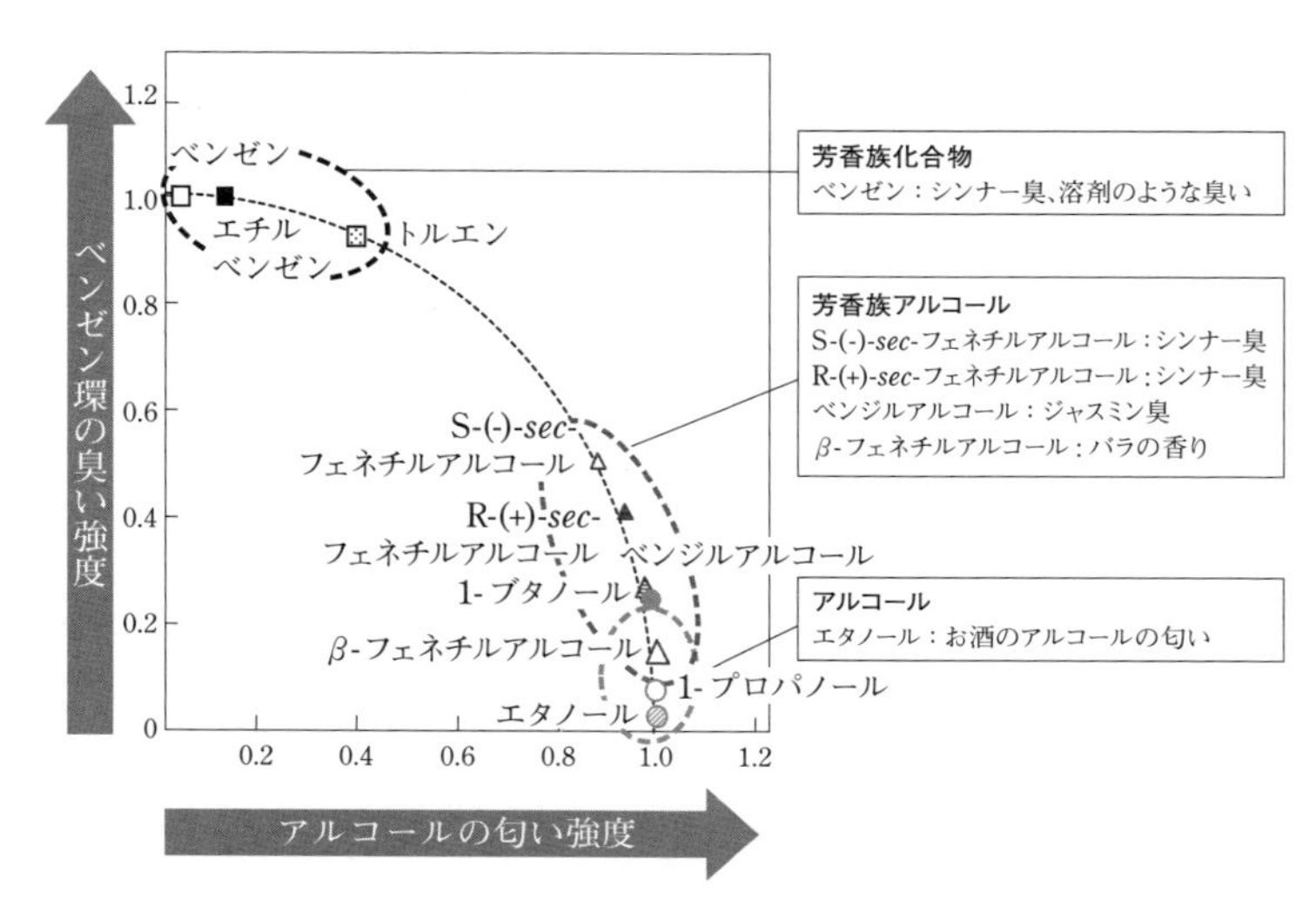

図12　匂い（臭い）の測定結果（R. Izumi et al.: Sens. Materials, 19 (2007) 299）

ひとことコメントを加えると、匂いセンサは味覚センサより難しい。なぜかというと、味には五つの基本味があります。「だから簡単」というつもりはまったくありませんが、五つの基本味があるので、五つに分解さえすれば、味が再現できます。プロジェクタは色の三原色があるから色を自由に再現できるのです。ところが、匂いには基本臭がありません。みなさん、思い出してください。さっきも僕はジャスミン臭とかバラの香りとか固有名詞を使っています。つまり、バラの香りといっても、バラを知らない人は香りもわかりません。ジャスミン臭といってもジャスミンを知らない人はわかりません。その意味において、匂いは具体的です。他方、味は抽象的です。抽象的だから一般化できます。匂いは具体的だから一般化できません。もう一ついうと、人間の味の受容体は三十数種類しかありません。三十数種類で五つの味を識別しています。匂いの受容体はいくつあるかというと、僕ら人間に四百種類あります。イヌには千種類あるといわれています。人間のほうが退化しています。僕らセンサ屋からいうと、四百種類もの受容体をつくれるはずがないんです。だから匂いセンサは難しいです。ただし、さきほどの例はごくごく限られたアプリケーションの一つです。それを一般に拡張することは容易ではありません。

主観と客観

はじめに私は主観は数値化できない、客観だったら数値化できるといいました。それなりに一生懸命しゃべってきましたが、次のような質問がきます。「でも先生、味って人によって感じ方が違うじゃないですか」と。「ふざけないで、あんた」と僕はいいたいわけです。僕の講演を「なんだ、あっという間の四〇分だった」と思ったか、「こんな講演早くおわらないかな、まだ一〇分しかたっていない」と思った人もいる。時計を見て、「なんだ、あっという間に四〇分」と思った人がほとんど全員と僕は思うのですが、時計というのは客観的です。と同時に、時間がたつのが遅く感じる、長く感じる、早く感じるなどというのは主観です。私たちは日常、主観と客観を時間に関しては上手に使いこなしています。

僕は出張に一キログラムのパソコンしか持ち歩きません。ところが、身体を鍛えこんだ人なら三キログラムくらいなら持ち歩きます。どこが違うか。僕にとっては三キログラムのパソコンは重たいんです。でも、身体を鍛えこんだ人なら三キログラムを重いと思わず、軽いかもしれません。一キログラム、三キログラムというのが客観です。重い、軽いというのが主観です。味に関しても同じです。でも、人によって味の感じ方が違うというしょうもない質問がでる理由は、これまで味覚センサがなかったからです。僕らにはいま味覚センサがあります。したがって、味の世界も主観と客観が共存できるようになったということです。以上です。

質疑応答

司会＝合原　一幸

合原●ありがとうございました。ここで質問です。「味覚を数値化することのデメリットはありますか」。

都甲●基本的には人を幸せにするための研究しかしないので、いまのところデメリットにあったことはありません。

合原●五つの味に分解するわけですが、再現しやすい食品や、特にしにくいような食品はありましたか。

都甲●あります。油を含んでいるものは測りにくいですね。理由の一つは、油が絶縁体で、味覚センサは電気測定しているからです。もう一つ、油に味があるとかないとかいう噂があって、よくわかりません。学会でも決着ついていないようなところもあります。難しいです。昨今のＴＰＰの問題もあるので、和牛のおいしさを数値化しよう、アピールしようと思って測定しますが、できるだけ油がないような状況で測っています。あとは人間の感覚とあうかどうかです。一番難しいのは現時点では油です。

合原●都甲先生が個人的に後世に残したい食譜、特に長く伝えたい食譜にしたいような食品になにがありますか。

都甲●とても難しい質問です。私の嫁さんがよく友だちに、「あなたのご主人は味覚センサとかやっているから、味にものすごくうるさいんでしょ。なにか好かんのがあったら、ちゃぶ台とかテーブルをひっくり返すんじゃないの」とかいわれます。私にはちゃぶ台をひっくり返す力はもちろんありませんが、実はまったく好き嫌いがありません。言葉をかえると、食にあまり興味がないのです。食に興味がないから、味覚センサを開発したという噂もあります。うちの家族はみんな知っていますが、周りはみんな、都甲先生は味にものすごくうるさいと勘違いしています。食事するとき、「都甲先生、なにか好かんモノがあるか」といわれます。好かんモノなんかなにもない、なんでもでたものは嬉しく食べます。ですので、僕はすべて残したいと思っています。

合原●もう一つ。僕はワインが好きで、ワインの学校で勉強しているのですが、いちおう勉強するときはワインの香り、匂いと味を、個人個人が味わい、嗅いでみます。それは主観なんですが、いちおう学校なので客観的な表現をします。そのとき、だいたい先生方は、香りに関して使った表現を、同じように味に関して使います。「セームアズノーズ（same as nose）」といいいます。僕はなんか違うような気もするのですが、センサの専門家からみて、最後の主観と客観とも関連もしますが、そのへんはどのように考えられますか。

都甲●言葉はものすごく重要ですね。なんというか共感覚的要素もありますが、言葉をお互い流用しあっていますよね。たとえば、甘酸っぱい匂いとかを頻繁に使います。明らかに、味覚から嗅覚に転用されています。味と香りはまだよいのですが、一番やっかいなのはテクスチャーです。舌ざわり、歯ごたえに関しては、パリッとかスカッ、バリッとかいろいろな言葉があって統一されていません。したがって、僕らセンサ屋として数値化、もしくはテクノロジー化するためには言語の整理が必要と思っています。つまり、独立性が低く、相関が高い言葉を落とし、独立性が高い言葉を残します。酸味と甘味と塩味とうま味は、独立性が高いから残っているんです。ということは、味以外に香りやテクスチャーにも同じようなものがあると僕は考えています。ですから、できるだけそういった言葉の整理をしていただければ、センサ屋は助かります。

合原●ありがとうございます。暫くお会いしないあいだにアルコールも飲まれるようになっているし、それ以上に研究が大きく進んでいて大変感動しました。今日はありがとうございました。

脳を育む　V章

脳と脂質の良い関係

東北大学大学院医学系研究科教授
大隅 典子

はじめに

ゴーギャンの『われわれはどこから来たのか、われわれは何者か、われわれはどこに行くのか』をみながら、いつも人の発生・発達、生物の進化に思いをはせております。私たちは神経発生を軸足に研究していいます。人の発生・発達を理解することで、脳の正常な機能と、発生・発達に少し不具合があるとどのような精神疾患、特に発達障害につながっていくかを明らかにし、最終的には脳の進化を理解する鍵につなげていきたいと考えています。本日は、なぜ発生・発達が病気に関係するのかというエッセンスを伝えたいと思います。

さまざまな病気の原因は胎児期まで遡れるという考え方があります。つまり、脳の発生・発達異常がこころの病につながるという考えです。一例として、第二次世界大戦のとき、オランダではナチス軍によって食物補給路が分断されたため大飢饉が起こり、そのとき胎児だった集団を四〇年間追跡したところ、統合失調症の発症率が二倍以上に増加したというデータがあります。発生・発達には時間が長くかかり、複雑で精緻なメカニズムです（**図1**）。この内容を話すだけで学生相手に一五コマ

始まりは「管」	神経新生
神経管の領域化	神経細胞の移動
成長円錐と軸索誘導	シナプス形成と刈込み
忘れてはいけないグリア細胞	生後も続く神経新生

図1　神経発生のポイント

分の講義ができるくらいですので、本日はそのなかから、神経の生まれる神経新生と、神経新生が生後も続くこと、そのときに神経細胞（ニューロン）だけではなくグリア細胞も重要であるという、三つのポイントに絞ってお話しします。

なお、本日の私の話はすべて動物を使った因果関係を突き止める基礎研究の成果です。功刀先生は多数の臨床研究を紹介されました。その多くは介入研究というより相関性を示すような研究でしたが、私たちはマウスやラットを使って、たとえば栄養素の影響を調べ因果関係に迫るようにしています。

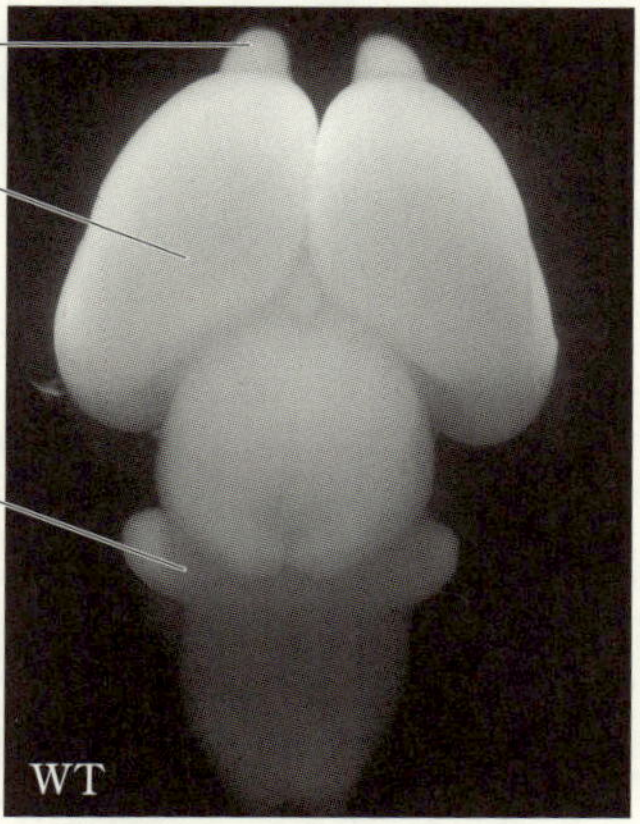

発生の話

発生途中のラットの脳を**図2**に示します。発生初期の大脳原基の断面をみると、脳室が大きくあいています。**図3**のＰａｘ６の部分は神経幹細胞がたくさん存在している層で、将来の大脳皮質が形成されます。

図2　発生途中のラット脳 (Osumi et al., Development, 1997; Nomura & Osumi, 2004ほか)

大脳皮質原基にたくさん存在している神経幹細胞（放射状グリア）が分裂して多くの神経細胞を生み出します。また、神経幹細胞も脳室側から脳表面へと長い突起を伸ばしていきます。

神経幹細胞内にあるＤＮＡは二重らせんになっていて、片方のらせんが鋳型になって複製されるという仕組みを使っているため二つの細胞にしか分割できません。そのとき、一つは自分と同じ神経幹細胞となり、もう一ひとつは何回か分裂して最終的には神経細胞となります（**図4**）。こういった非対称な分裂をすることで神経幹細胞は残りつつ、分化した神経細胞をどんどんつくっていきます。

神経幹細胞は細長い突起をもったお母さん細胞ともいえます。つまり、神経幹神経細胞を子どもとして生み出し、生み出された神経細胞がお母さんの突起にまとわりつきながら脳の表面側へ移動していき（**図5**）、きれいな層構造をつくります（**図6**）。この層構造では、脳室面側ほど先に移動してきた神経細胞で、脳表面側ほどあとから移動してきた神経細胞です。脳室

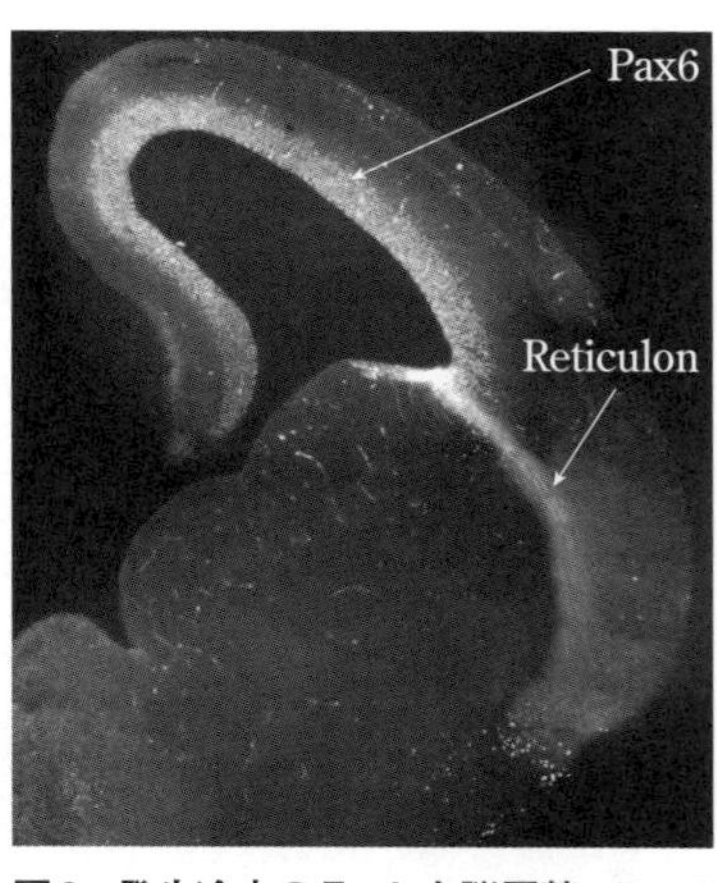

図3　発生途中のラット大脳原基。Pax6は背側の大脳皮質原基で発現している（Hirata et al., Brain Res Dev Brain Res, 2002）

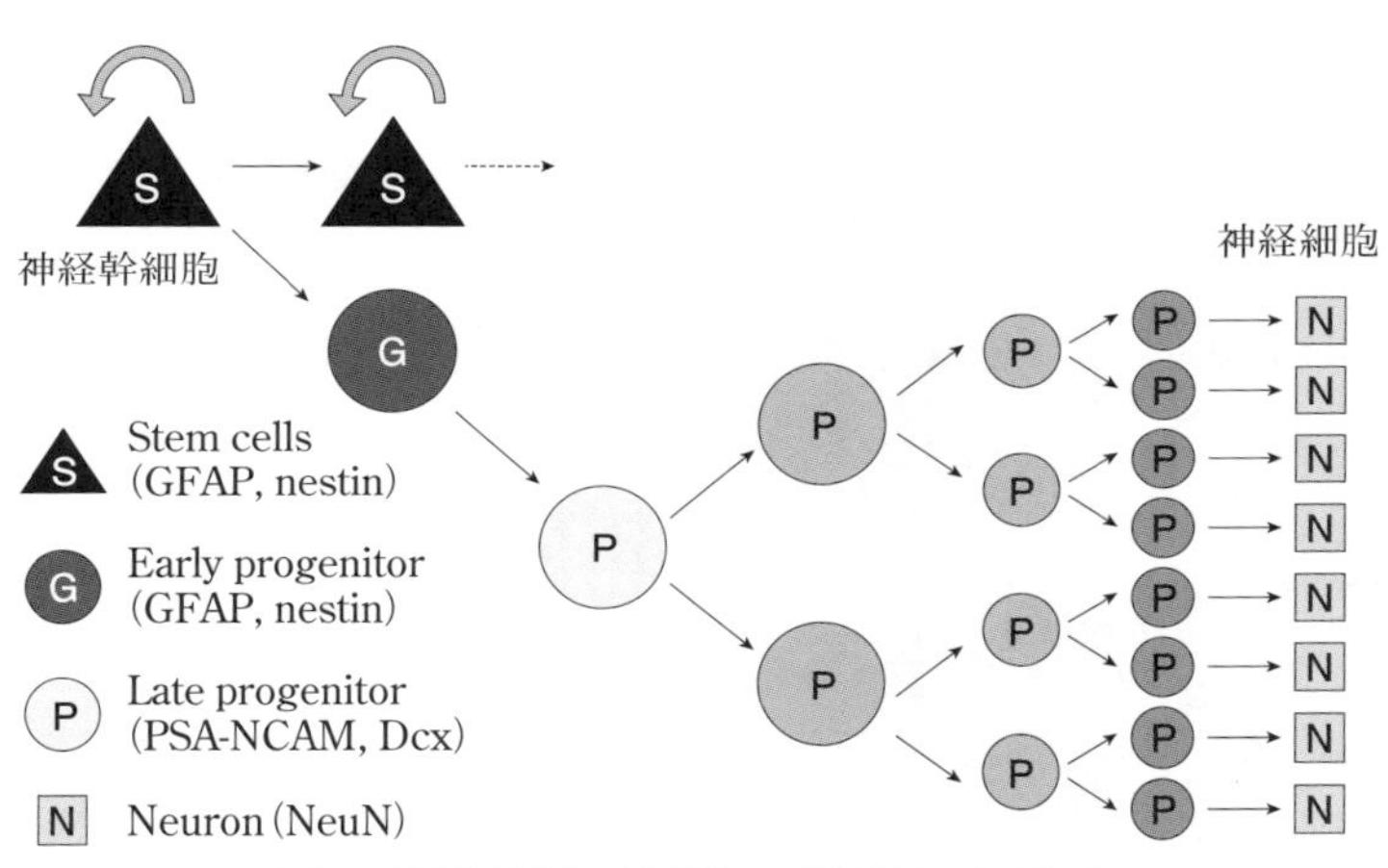

図4　神経幹細胞が分裂して神経細胞ができる

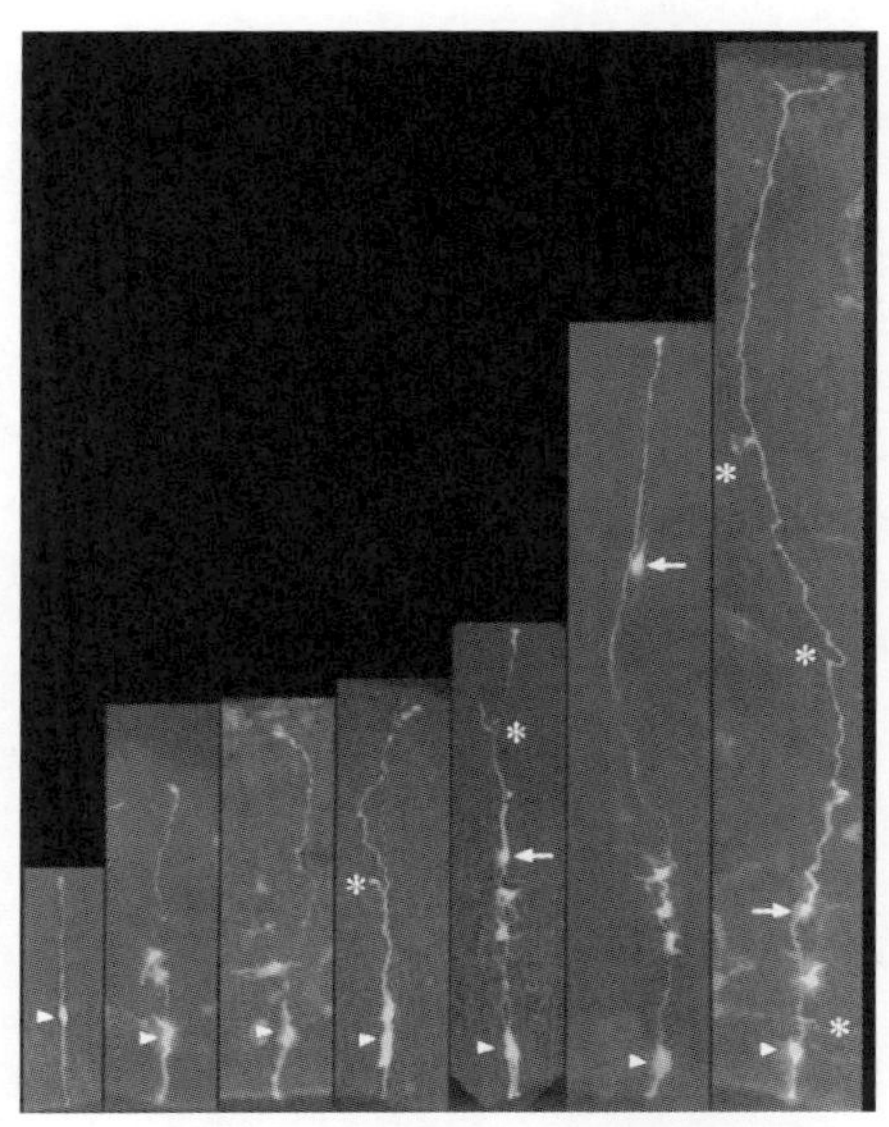

図5　放射状グリアにまとわりついて昇っていく
(Noctor et al., Nature, 2001)

面側が先、脳表面側が後です。

ちなみに、この層構造のつくり方は、昨年ディズニーからでたアニメ・ムービーにもなっています。原題は『インサイド・アウト』、日本語ではちょっとわかりにくいので、『インサイドヘッド』となっていました。このようなことを知っていると、この映画の面白さがさらに深まります。

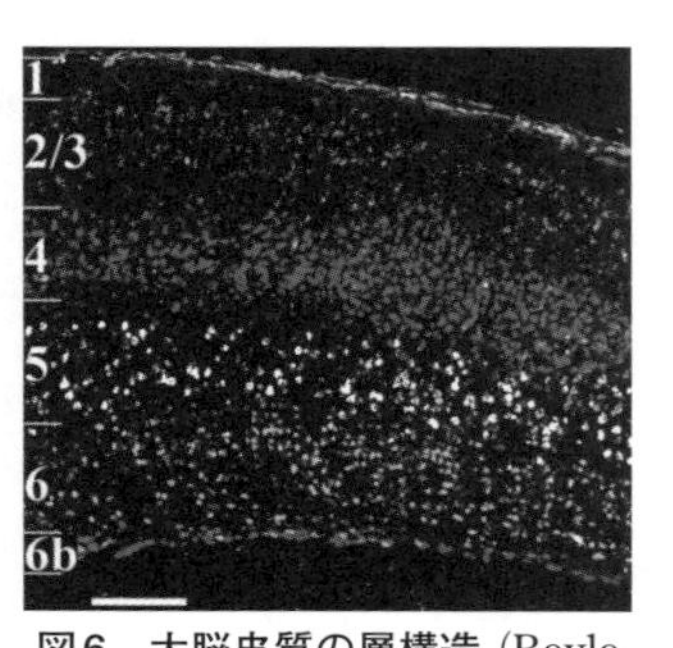

図6　大脳皮質の層構造（Boyle et al., J Comp Neurol, 2011）

哺乳類型の脳を大きくするグッドデザイン

霊長類は、ラットやマウスなどの齧歯(げっし)類より大きな脳をつくります。そのときに大活躍するのが神経幹細胞です。神経幹細胞も数が増えていきますが、生み出されて移動した神経細胞は大脳皮質にたまっていきます。細長い神経幹細胞の持続的な神経新生が、哺乳類型の大きな脳をつくるうえで役立ち、進化に重要であったと考えられます。

それはなぜかというと、神経幹細胞の長い突起を足場にして、生み出した神経細胞を順番に上に配置することが可能であるということです。つまり、インサイド・アウトで深い部位を先につくって、上に上に足していくので、どんどん大きく広がっていくことが可能になります。また、非対称な分裂によっていつまでも神経幹細胞をとっておくことができれば、分裂させる時期を長くすることができ、大きな脳をつくることが可能になります。時間軸がある意味で空間を規定するやり方をとっています。これが、最初に神経幹細胞を一気につくっておしまいということだと、つくれる脳の大きさはかなり限定されます。時間軸が長くなればなるほど大きな脳をつくることが可能になります。

脳のなかのグリア細胞

ここで忘れてはならないのがグリア細胞です。アストロサイト（星状膠細胞）、オリゴデンドロサイト（希突起膠細胞）、ミクログリア（小膠細胞）などのグリア細胞があります。脳に存在するグリア細胞は、ヒトの場合、神経細胞の数の数倍、領域によっては一〇倍ほど多く存在します。グリア細胞も脳の働きにとって重要です。

ちなみに、先に神経細胞がつくられ、グリア細胞は胎生期後期につくられます。グリア細胞が早くつくられると神経細胞の新生が減少してしまいます。このことについてはあとで詳しく触れます。

グリア細胞の一種であるアストロサイトは神経細胞のシナプスを取り囲むように存在し、シナプスの働きを調節するとともに、血管から栄養を神経細胞に受け渡し、神経細胞を育てるのに、やはりお母さん的な働きをしています（**図7**）。

脳と脂質

脳は脂質に富んだ組織です。一番多い水分を除くと、乾燥重量の約六〇％が脂質です。骨髄も似たような組成です。

神経細胞は非常に多くの複雑な突起をもっています。普通の肝細胞は丸っこく、その断面はハチの巣状のようにみえますが、神経細胞やグリア細胞とは大きく異なります。グリア細胞も複雑な突起をもっています（図8）。突起部分はすべて細胞膜でできていて、その内側の細胞質は非常に少ないわけです。グリア細胞の一つであるオリゴデンドロサイトの細胞膜は、神経細胞の突起にバームクーヘンのように何重にもぐるぐる巻きにして髄鞘（ミエリン鞘）をつくっています。髄床化されることによって跳躍伝導が起こり、神経の伝達速度がものすごく早くなります。自転車くらいの速度が新幹線くらいに早くなります。この親水性の内

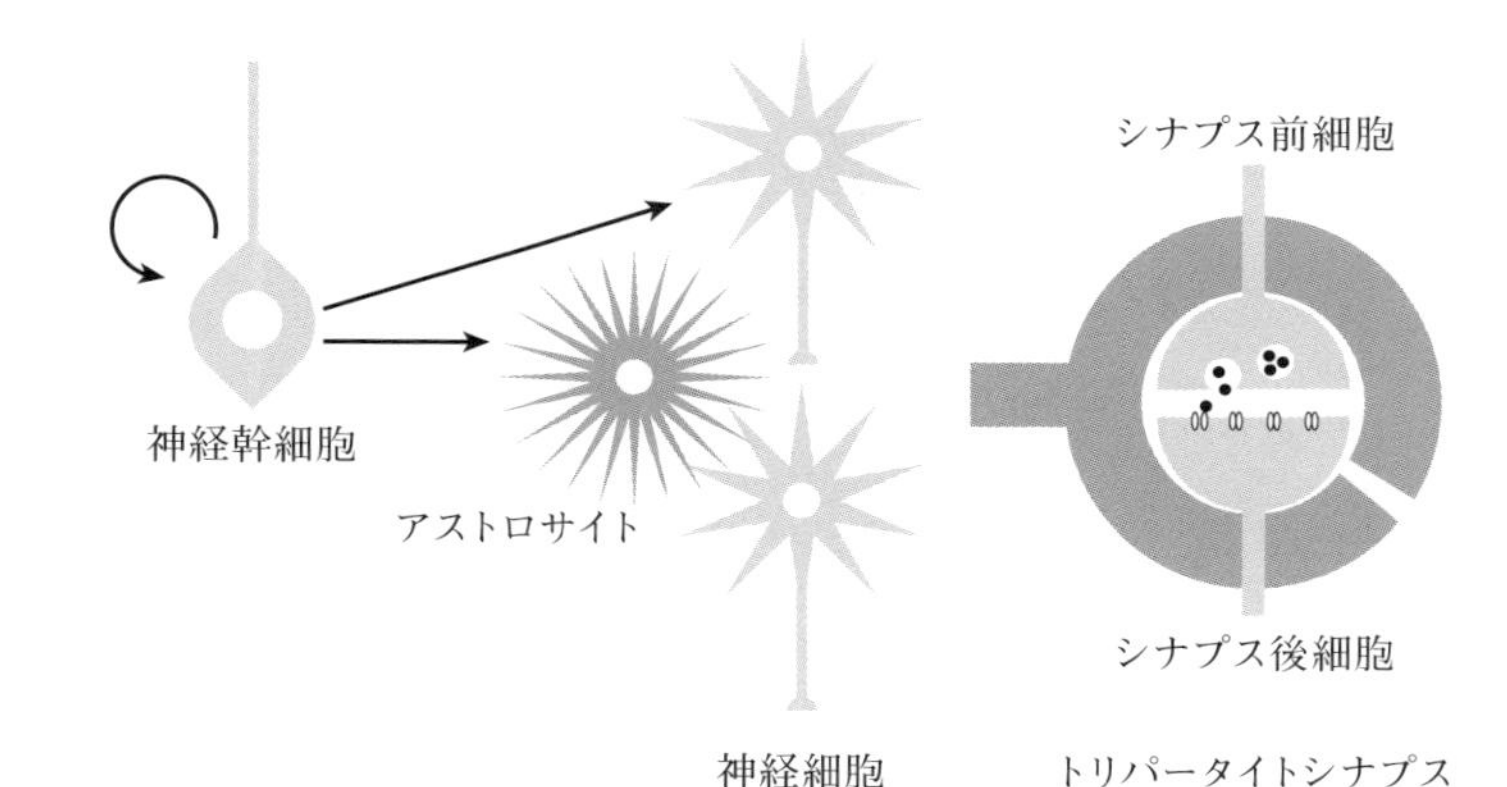

図7　アストロサイトの機能

側と外側の絶縁体として脂質からできている膜が働くことも、脳にとって大事です。

ところで、細胞膜はリン脂質からできています。細胞膜には頭の部分と足の部分があり、頭の部分は水になじみやすい親水性で、足の部分は疎水性の脂質（飽和脂肪酸や不飽和脂肪酸）からできた膜からなる二重膜構造をとっています。そして、足の曲がっている部分には二重結合があったりするので、ＤＨＡやアラキドン酸が多くなっています。

脳内での脂肪酸の役割

細胞膜を構成する脂肪酸は、脳のなかでのエネルギー源として非常に重要です。たとえば、糖質に比べると脂質のほうが四キロカロリーが九キロカロリーというようにエネルギー効率が高くなっています。また、アラキドン酸やＤＨＡは細胞膜の二本の足部分に存在

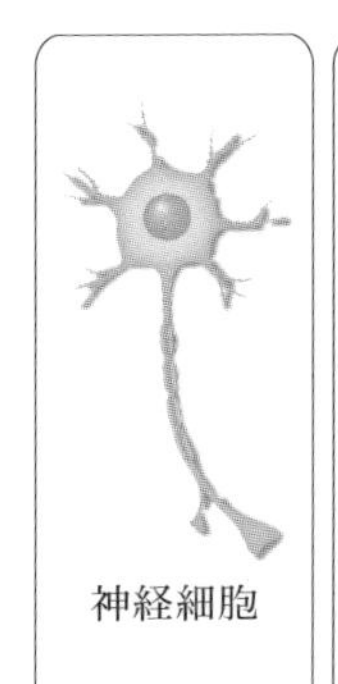

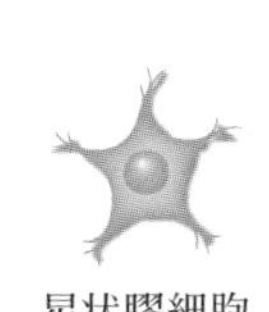

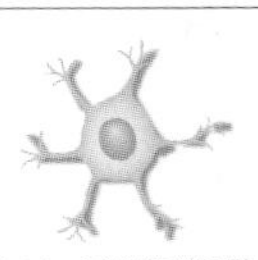

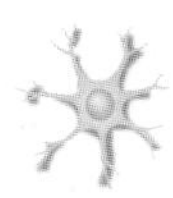

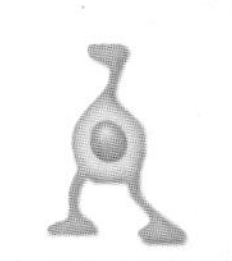

図８　脳の細胞はみな、突起が複雑

しますが、これが切り出されて細胞内シグナルとして働き、細胞の増殖や分化を制御しています。

　脳のなかでの脂質の代表選手として本日は二つの脂肪酸、ドコサヘキサエン酸（DHA）とアラキドン酸（ARA）を紹介します。DHAをオメガ（ω）3、アラキドン酸をω6の代表選手と思ってください。これらは、長い鎖状になっている二重結合があるので長鎖不飽和脂肪酸と呼びます。一方、コレステロールに対応するような飽和脂肪酸もあります。

　不飽和脂肪酸は、たとえば食事でリノール酸やαリノレン酸などを摂取することで、身体のなかでつくられます（**図9**）。肉やレバー、卵などから直接アラキドン酸の状態で

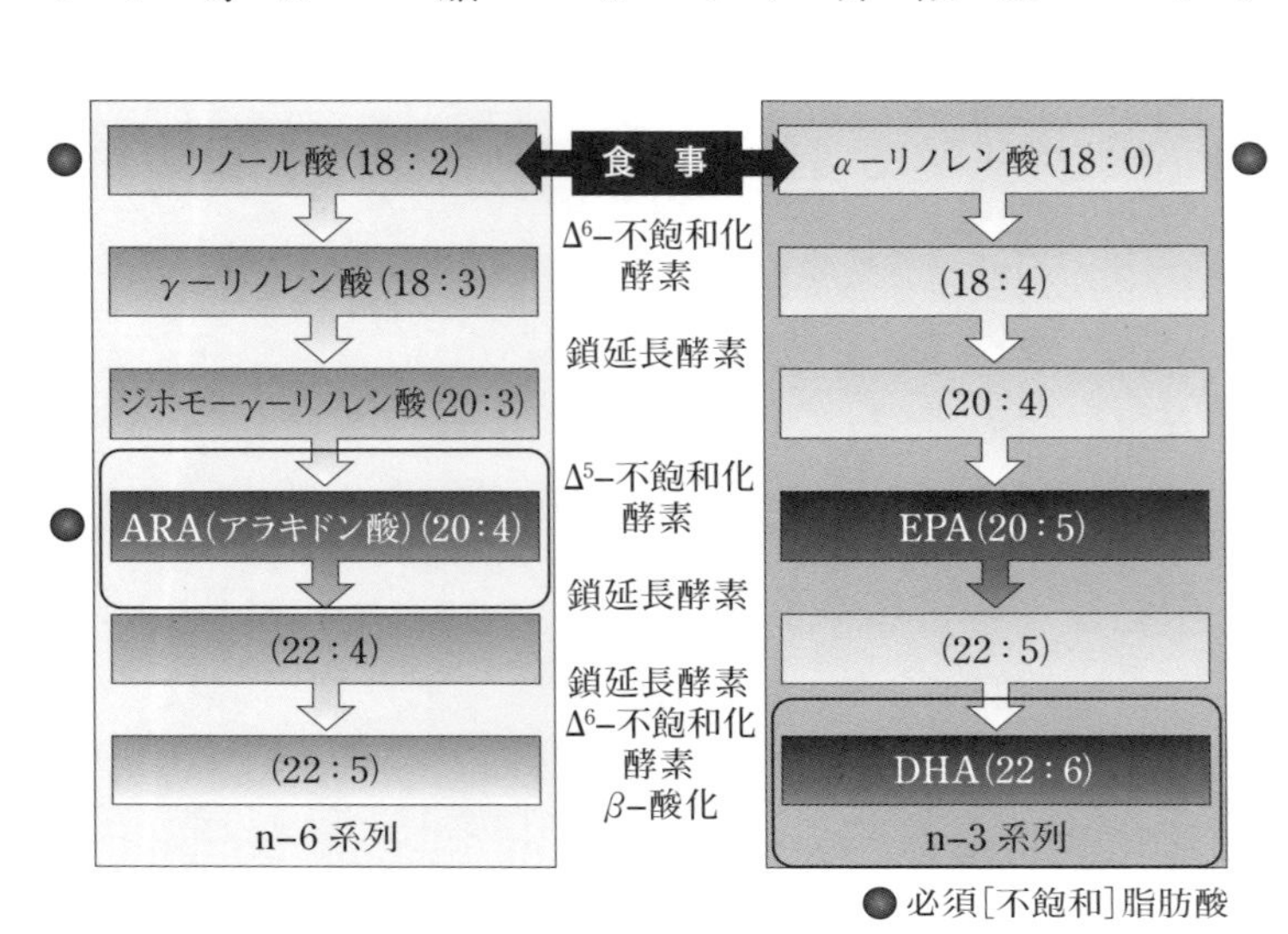

図9　身体のなかでつくられる脂肪酸

摂取することもありますし、魚類にはＤＨＡやエイコサペンタエン酸（ＥＰＡ）などω３系の脂肪酸が多いので、直接摂取することもあります。これまでの栄養学的な知見から、**図9**で丸をつけた脂肪酸は、それがないと生存にかかわることから必須（不飽和）脂肪酸と呼ばれます。

アラキドン酸やＤＨＡ、ＥＰＡはどんな組織にも存在していますが、脳には特にＤＨＡとアラキドン酸が多くなっています（**図10**）。たとえば、アルツハイマーの方の脳内ではアラキドン酸が一二％だったのが八％に減ってしまうこともありますので、アラキドン酸も大事です。

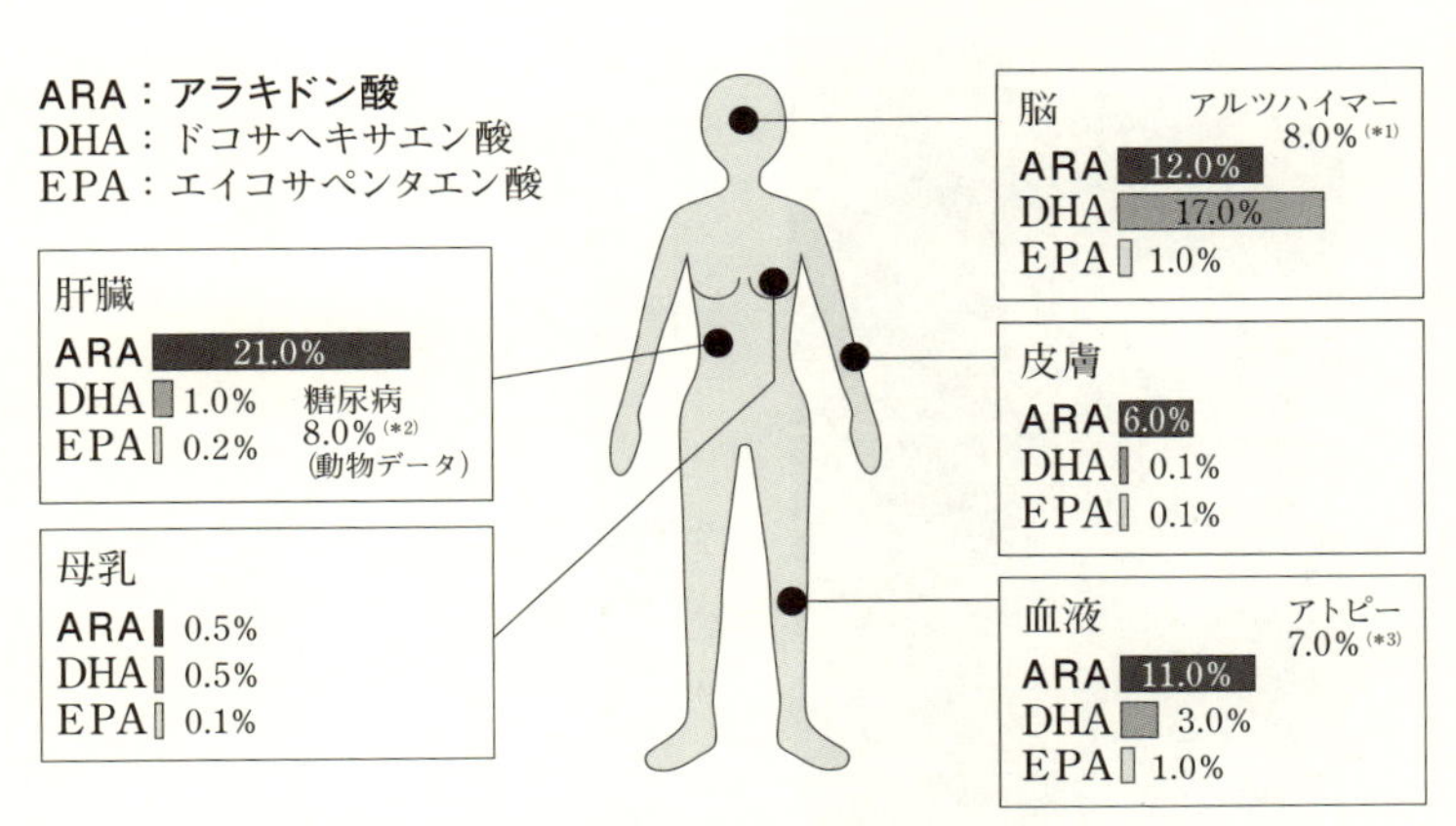

(*1) Sonderberg ら, Lipids, 26: 421-425, 1991
(*2) Ramsammy ら, Lipids, 28: 433-439, 1993
(*3) Morse ら, Br.J.Dermatol., 121: 75-90, 1989

脳（海馬）、皮膚、血液はヒトのリン脂質中の脂肪酸組成比で、
母乳の場合は栄養として重要なトリグリセリド中の脂肪酸組成比で示し、
肝臓はラットのリン酸脂質中の脂肪酸組成比を示した。

図10　脳にはDHAとARAが多い！
身体における必須脂肪酸の分布（各臓器リン脂質中の組成比）

現代の食生活

現代の食生活では、ω6脂肪酸の摂取が増加しています。三食揚げ物を食べ続けるとどうなるでしょうか。ひところ「植物性油ならヘルシーだ」と間違って考えられていたことがありました。植物油が多い生活をすると、現代の食事では魚類の摂取量が減っているので、ω6過多になりつつあ

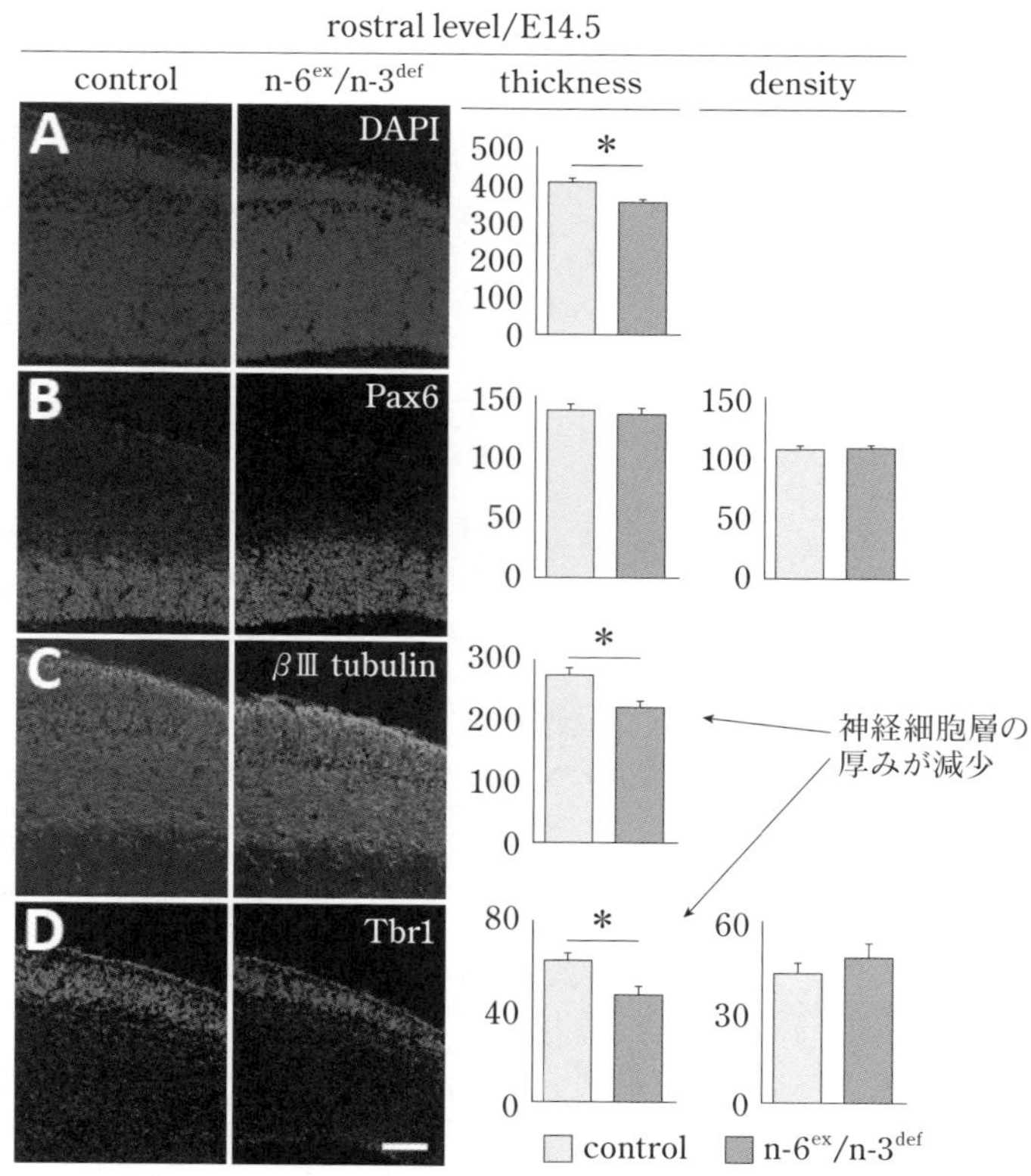

図11　ω-6過多／ω-3過少による脳形成異常 (Sakayori et al., Stem Cells, 2016)

ります。妊婦がこのような状態であるとどうなるのでしょうか。私たちは動物実験により、このことを調べてみました。

ラットに妊娠する二週間前からω6の多い餌を投与しておき、胎児期の半ばころに脳を測定し、普通餌に比べて脳内でω6が多く、ω3が少なくなることを確かめています。このような環境で発生したラット胎仔では、神経細胞層の厚みが減少し脳形成異常をきたします（**図11**）。このとき、仮説として、グリア新生が前倒しに起こることによって神経幹細胞から神経細胞の新生が減少するということが考えられます。調べたところ、確かにグリア細胞の産生が前倒しで増加していました（**図12**）。また、神経幹細胞の培養実験では、神経細胞の産生が減少しグリア細

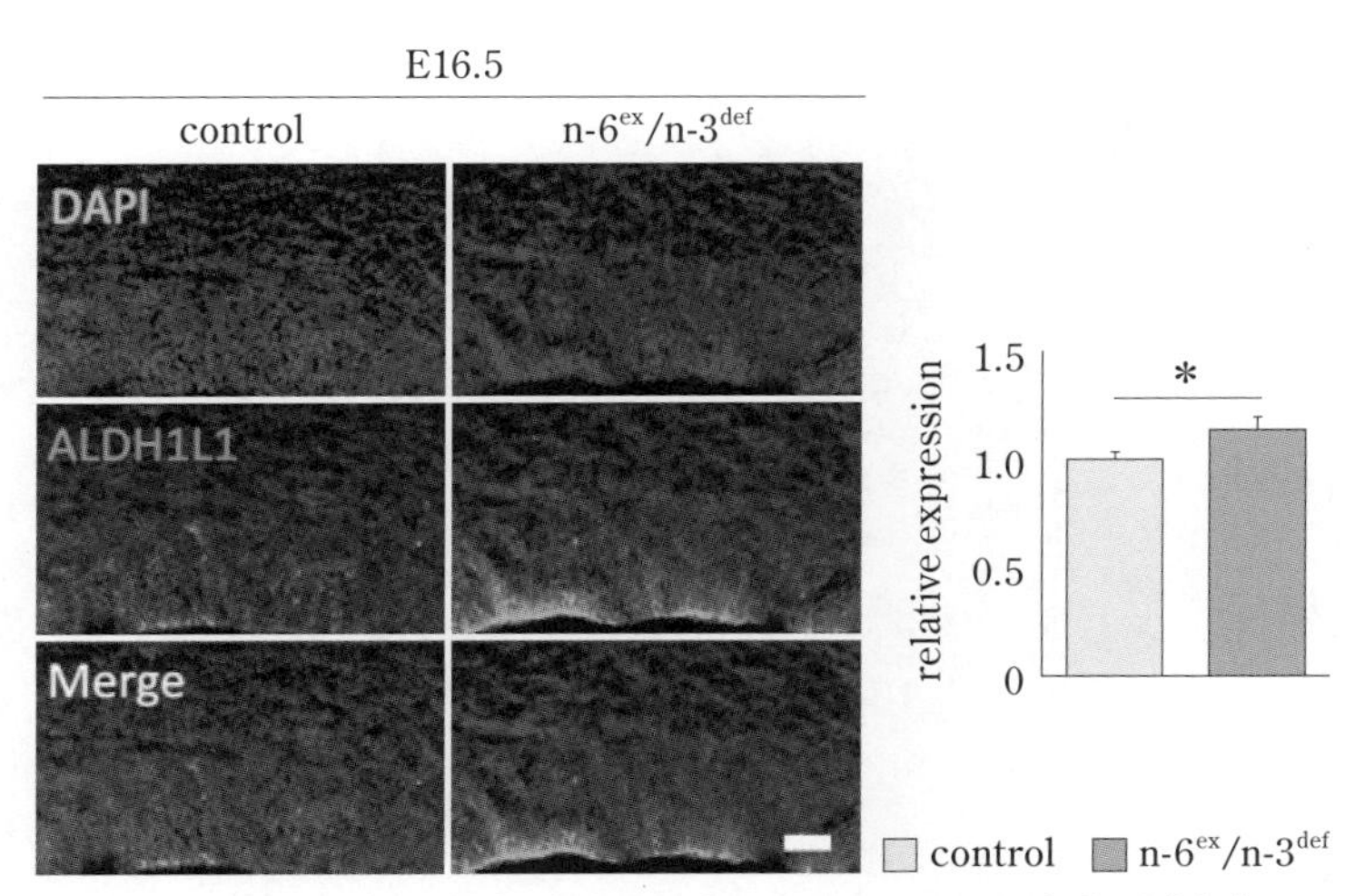

図12　グリア新生が前倒しとなることによりニューロン産生が減少する
(Sakayori et al., Stem Cells, 2016)

胞の産生がω6過多の餌によって上がることが確かめられました。

健康な食事

なぜ、グリア新生が前倒しになるのでしょうか。

そのメカニズムに迫るために、ω6の代謝産物に着目して解析してみました。理研の有田誠先生との共同研究で、最先端の網羅的リピドミクス解析、つまりビッグデータをとり、多数の脂質のなかから有力候補の脂質代謝物を絞り込みました。そのなかで、アラキドン酸代謝産物の11,12-EETと、ＤＨＡの代謝産物16,17-EpDPEの二つの代謝物に着目して検証したところ、ω6系の代謝産物が多くなり、ω3脂肪酸であるＤＨＡの代謝産物は逆のパターンになります。この二つの代謝産物についてバイオ系の実験を行ったところ、ω6では低濃度で神経細胞の存在が上昇し、グリア細胞の存在が減少していました（図13）。グリア細胞の存在が前倒しになるのはこのことが原因であることがわかりました。

ω6過多・ω3減少の状態で発生・発達したマウスは、そのあとどんな行動異常を示すのでしょうか。生後一〇日から普通食に戻して育てて成体での影響を調べてみました。

この場合、先行研究がありました。不安との関係を調べた研究です。そこで私たちは二つの不安に対する実験を行いました。まず、オープンフィールドテストでは、マウスは怖がる

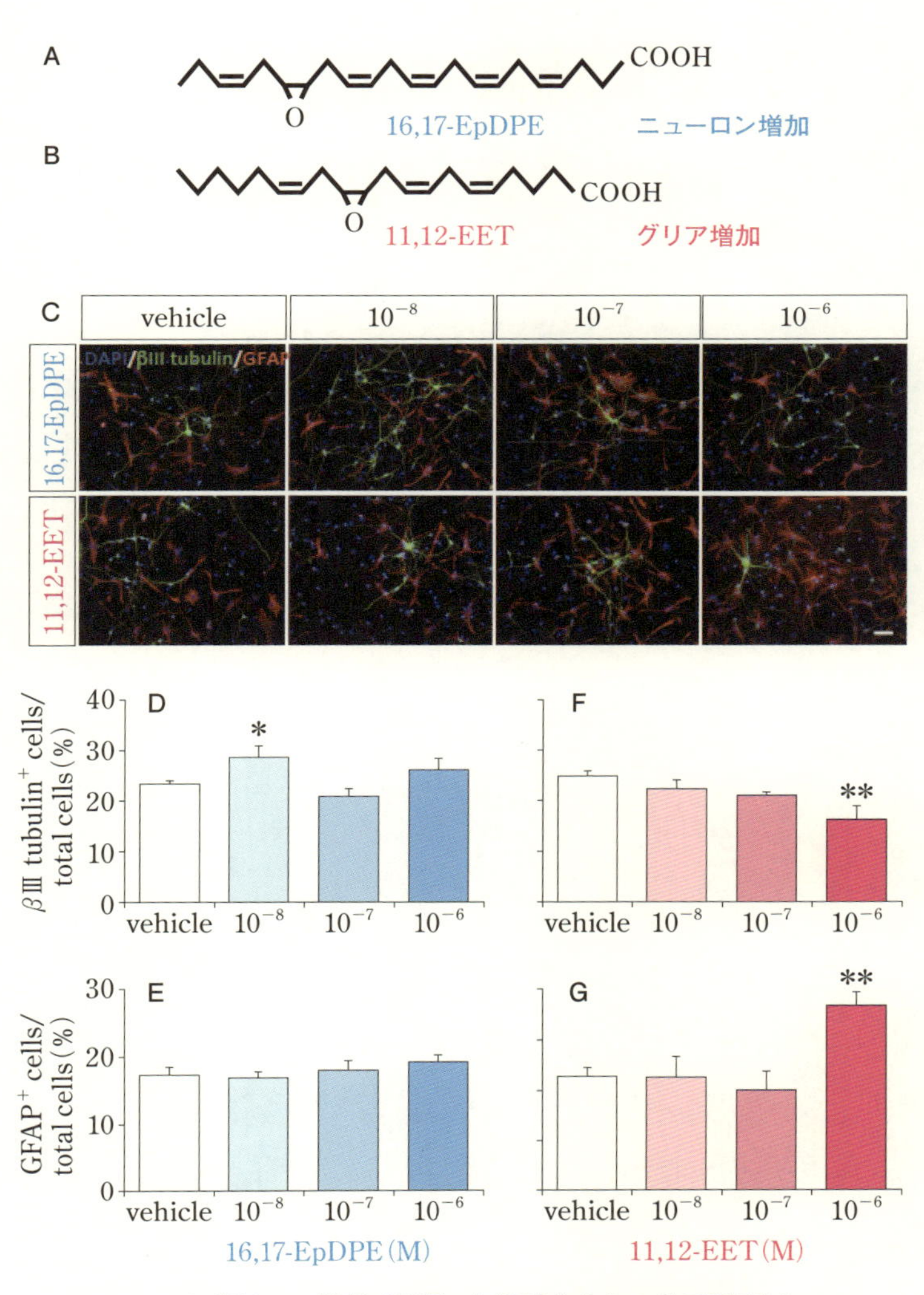

リピドミクス解析（理研・有田誠先生との共同研究）によって明らかになったω-6およびω-3代謝物の効果判定

図13　ω-6過多／ω-3過少による異常（Sakayori et al., Stem Cells, 2016）

と真ん中のほうにはでてきませんが、ω6過多・ω3減少状態で発生したマウスは、成体になっても中央エリアを避けます。つまり、不安が強いことになります。もう一つ、高架式十字迷路テストでは、壁のないエリアを避ける傾向が強いことがわかりました。

この話をまとめます。ω6過多になると、マウスの実験では代謝産物が変化することによって、ニューロン産生よりグリア細胞の産生が前倒しに起こる結果、過剰な不安を示すマウスができます（図14）。

WHOなどで理想としているω6とω3の比は、いちおう日本人の平均的な母乳の比率としています。当然、食物によって影響を受けるので個人差はあります。ちなみに、基本的に脱脂粉乳では脂質が除かれていますので、現在一番推奨されている粉ミルクは、脱脂したなかから一番大事な脂質を加えています。

ニュートリゲノミクスの必要性

私たちはどうしても平均値での話をしてしまいますが、私たち一人ひとりの遺伝情報は、親戚や家族でなければ〇・一％は異なっています。そこで今後目指すべきところは、パーソナライズド栄養学です。そのためには、いろいろな機能性食品などに関してもより網羅的な解析を行ってゲノムのデータとあわせていくことが重要になりますが、費用対効果を考え

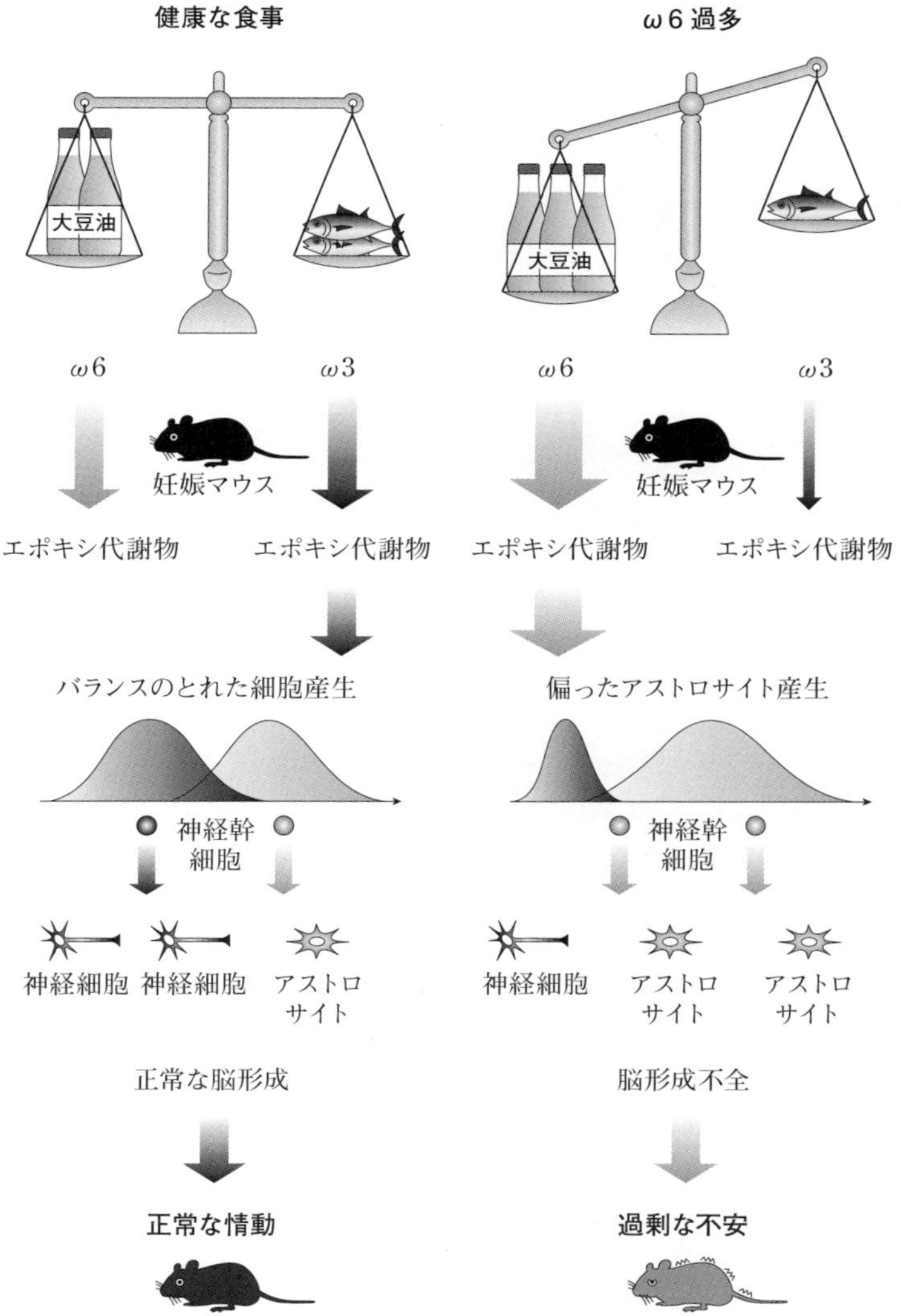

健康な食事

大豆油

ω6 ω3

妊娠マウス

エポキシ代謝物 エポキシ代謝物

バランスのとれた細胞産生

神経幹細胞

神経細胞 神経細胞 アストロサイト

正常な脳形成

正常な情動

ω6過多

大豆油

ω6 ω3

妊娠マウス

エポキシ代謝物 エポキシ代謝物

偏ったアストロサイト産生

神経幹細胞

神経細胞 アストロサイト アストロサイト

脳形成不全

過剰な不安

図14

たとき、どこまでそれが許されるかが問題です。

ここで紹介しておきたいプロジェクトが東北大学にあります。震災後、地域の復興を兼ねた東北メディカル・メガバンク（略してTOMMO）です。ゲノムコホートといって、健常の方でもどんな病気を発症していくか、一〇年間、一五万人を追跡調査する、日本で最大規模のゲノムのコホート研究を開始して現在三年目になりましたが、いろいろな成果がでつつあります。このなかで、どのような食べ物を摂取しているかというデータもとっていますので、数年後にはその成果についてお話しできるかと思っています。

発生・発達のステージに応じて脂質の重要性があります。たとえば、発生・発達期にはω6に含まれるアラキドン酸も重要ですし、代謝がだんだん低下する加齢したあとでも同様に重要です。成人期でω6が多いと、炎症やがんとの関係が示唆されています。一人ひとりの一生で、時間軸のどの段階にあるかといった観点は大事になります。脂質がどのように身体に大事なのかという分子メカニズムが、今後明らかになってくると思います。

本日お話ししたデータの大部分は、元東北大学大学院生の酒寄信幸君の成果です。共同研究させていただいた有田誠先生とハーバード大学のジン・カン先生、ブリティッシュ・コロンビア大学の最近お亡くなりになったシェイラ・イニス先生にもこの場をお借りしまして感謝申し上げます。ありがとうございました。

質疑応答

司会＝岡澤　均

岡澤●私たちの脳がどのようにつくられているか、そこに油といいますか不飽和脂肪酸などの脂質がどう関係しているかについてわかりやすくお話をいただきました。ここで質問させていただきます。「ω3、ω6の脂質は、脳の血液脳関門を通過してとりこまれると考えてよいのでしょうか」。

大隅●血液脳関門の一番外側の部分は細胞膜です。細胞膜はリン脂質の二重膜でできているので、皮質に特段の装置がなくても、脂質はそのままなじんで溶け込みやすいという性質があります。もちろん、トランスポーターといわれる特殊なたんぱく質が細胞膜にも存在し、それによってもとりこまれることがわかっています。いずれにせよ、脂質は脳を通りやすいため、餌が胎児の脳に影響を及ぼします。

岡澤●食物の消化によって、脳にとりこまれる脂質の吸収効率はどれくらいですか。私たちが食事で摂取している脂質が脳にどのくらい影響を及ぼすのでしょうか。

大隅●私自身はネズミで研究しており、効率として食べた物からどのくらいはいっているかは、不勉強でお答えできません。

岡澤●「食」ということで関心が深いわけですが、日本でも海から遠くて魚類をあまり食べられないような山間部の人たちは、精神的に不安になってしまうんでしょうか。

大隅●江戸時代だったら問題かもしれませんが、現在は流通が発達しているので、普通にスーパーなどで販売している青魚からでも摂取できます。たとえば、魚の匂いがだめだとか、いろいろな理由で魚が摂取できない方は、なんらかのサプリメントや植物オイルのなかでもアマニ油やエゴマ油といった酸が多い油をサラダオイルのかわりに使うこともできます。あとはナッツとかですね。

岡澤●私もそうですが、今日会場を見渡すとやや年齢平均が高いような気がして孫のことも心配ですが、自分の頭も心配です。大人になっても神経細胞は新生されるということですが、再生について、どういった脂質がよいとか、こんな影響があるとかのお話はあるでしょうか。

大隅●加齢したラットを使って、認知機能の改善と関係すると考えられる海馬における神経新生の向上などに関して、アラキドン酸を多くした餌と、ＤＨＡを多くした餌、両方入れた餌を用意して調べたところ、一番神経細胞の新生に効果があったのはアラキドン酸、新生した神経細胞を維持するのに効果があったのはＤＨＡというデータがでています。片方だけが重要だということではなく、ある程度のバランス、具体的には二〜四対一くらいのバランスを保つことが大切です。摂取量としてはどうしてもアラキドン酸が多めですが、そのくらいのバランスがよいと動物実験からは外挿されます。

岡澤●とても役に立つお話しをしていただいて個人的にもうれしく思います。長時間にわたり、みなさま本当にありがとうございました。

閉会挨拶

脳の世紀推進会議副理事長　樋口　輝彦

本日は朝から長い時間おつきあいをいただき、ありがとうございました。今回は六〇〇名以上の方々に参加していただき大変盛会でした。

第一回脳の世紀シンポジウムは一九九三年の一〇月に開催され、その後、本シンポジウムに参加される方々をはじめとするさまざまな方々のおかげをもちまして今回は二四回目です。ほぼ四半世紀の歴史を持っているわけです。本シンポジウムを主催する特定非営利活動法人脳の世紀推進会議は、毎年、脳科学オリンピックのサポート、世界脳週間の開催などを通して脳科学への理解と啓発、研究者の育成、そして脳科学研究成果の社会への還元などさまざまな活動を実施しております。

脳科学研究の重要性は、特に二一世紀にはいってますます高まっております。今年（二〇一六年）日本で開催された先進国首脳会議伊勢志摩サミットにあわせて、各国の学術会議のトップが集まって発表した共同声明「Gサイエンス学術会議共同声明」のなかに、脳の理解、疾病からの保護、国際的な脳関連リソースの開発を重点課題の一つとして取り上げております。脳科学は今後、人間の理解、疾病の克服、そして健康長寿大国実現といった大きな目的を達成するうえでますます重要になっていくことは間違いありません。

今回は「食と脳」をテーマにして本シンポジウムを企画しました。皆さまの興味・関心を満たす内容になったでしょうか。今日一日ご講演を伺って、いろいろな意味で、脳が持つ機能、脳の不思議、そして脳の重要性を一層印象強く思いましたが、今後も身近な脳の働きと脳科学の最新の研究成果をとりあげ継続していきますので、関心のあるテーマがありましたらアンケート用紙に記入して提出していただければ幸いです。

最後に、脳科学は人間にとって大きな役割をはたしており、脳科学研究を推進していくことは非常に重要です。脳科学、そして脳科学の重要性に関心をお持ちの方に、是非とも私どもも脳の世紀推進会議の会員となっていただき、ともに私どもの活動を支え、推進していただくことを切にお願い申し上げます。

本日は、長時間にわたっておつきあいいただき、本当にありがとうございました。心より感謝申し上げます。これで閉会の辞とさせていただきます。

著者紹介

津本　忠治（つもと　ただはる）

NPO法人脳の世紀推進会議理事長、国立研究開発法人理化学研究所脳科学総合研究センター・サイエンスコーディネーター、独立行政法人日本学術振興会ストックホルム研究連絡センター・センター長、大阪大学名誉教授、医学博士

一九六七年大阪大学医学部卒業。内科研修医を経て、大阪大学医学部助手となる。七五～七七年西独（当時）マックスプランク生物物理化学研究所に留学、帰国後、金沢大学医学部助教授。八〇～八一年カリフォルニア大学バークレー校に留学。八三年大阪大学教授（医学部附属高次神経研究施設）、九九年大阪大学大学院教授（医学系研究科高次神経医学部門）、二〇〇五年理化学研究所脳科学総合研究センターユニットリーダー。その後、同センターのチームリーダ、副センター長を経て、二〇一六年より現職。また、二〇一六年より独立行政法人日本学術振興会ストックホルム研究連絡センターセンター長。二〇〇五年から二〇一〇年まで日本神経科学学会会長。専門は、神経科学、特に視覚系の発達と可塑性。著書に、『脳と発達―環境と脳の可塑性』（朝倉書店一九八六年）などがある。

髙橋　拓児（たかはし　たくじ）

京都を代表する創業八〇余年の老舗料亭「木乃婦」の三代目主人

一九六八年生まれ。立命館大学法学部卒業後、「東京吉兆」へ修行に行く。二〇世紀における日本料理界で最も偉大な料理人であった故湯木貞一氏から直接指導をうけ、日本料理の真髄を学んだ。その後、「木乃婦」に戻り、創業者　元信、父　信昭の師事を受ける。

伝統的な日本料理を基本としながらも、分子化学の理論などを積極的に取り入れた新しいスタイルの日本料理は高い評価をうけ、雑誌やテレビなどにも数多く登場している。また、シニアソムリエや利酒師の資格をもち、日本酒・ワインにも造詣が深い料理人としても知られ、京都御所「迎賓館」で中国・温家宝や各国大統領などの国賓の晩餐会を担当している。日本料理に関する書籍も多数出版し、京都大学大学院農学研究科修士課程を修了後、龍谷大学客員研究員として日本料理の美味しさの研究を推し進めている。

NPO法人日本料理アカデミー海外事業副委員長／京都料理芽生会会長／龍谷大学農学部　客員研究員／京都府立大学非常勤講師／NHK「きょうの料理」講師
著書に『10品でわかる日本料理』、日本経済新聞出版社／『京料理人の薬味術』、NHK出版／『和食の道』、IBCパブリッシング、等。ほかに共著多数がある。

富永　真琴（とみなが　まこと）

自然科学研究機構　岡崎統合バイオサイエンスセンター（生理学研究所）教授、総合研究大学院大学生命科学研究科生理科学専攻　教授、順天堂大学環境医学研究所　客員教授　医学博士
一九八四年愛媛大学医学部医学科卒業。循環器内科臨床研修後、九二年京都大学大学院医学研究科博士課程修了（医学博士）。九三年岡崎国立共同研究機構生理学研究所助手。アメリカ　カリフォルニア大学サンフランシスコ校博士研究員を経て、九九年筑波大学基礎医学系講師（分子神経生物学）。二〇〇〇年三重大学医学部教授（生理学第一講座）。二〇〇四年から現職。
専門は分子細胞生理学。痛みや温度を感じるメカニズムの解明を目指している。二〇一五年から文部科学省科学研究費 新学術研究領域「温度生物学」代表。

功刀　浩（くぬぎ　ひろし）

国立研究開発法人国立精神・神経医療研究センター神経研究所　疾病研究第三部・部長
一九八六年東京大学医学部卒業。精神医学研修後、一九九一年帝京大学医学部精神科学教室助手、一九九四～九五年ロンドン大学精神医学研究所にて疫学・分子遺伝学的研究に従事。一九九八年帝京大学医学部精神科学教室講師、二〇〇二年より現職。山梨大学・早稲田大学客員教授、東京医科歯科大学連携教授。医学博士、精神保健指定医、日本精神・神経学会専門医、日本臨床精神神経薬理学会専門医・指導医、日本臨床栄養学会認定臨床栄養医・指導医、日本老年精神医学会専門医・指導医、日本医師会認定産業医、日本睡眠学会認定医、日本総合病院精神医学会認定一般病院連携精神医学専門医・指導医、日本臨床栄養協会NR・サプリメントアドバイザー。
専門は生物学的精神医学。特に、精神疾患のバイオマーカー研究と栄養学的研究に精力的に取り組む。
著書に『こころに効く精神栄養学』（二〇一六年、女子栄養大学出版）、『精神疾患の脳科学講義』（二〇一二年、金剛出版）、『図解　やさしくわかる統

合失調症』（二〇一二年、ナツメ社）ほか多数。

都甲　潔（とこう　きよし）

九州大学大学院システム情報科学研究院　主幹教授／味覚・嗅覚センサ研究開発センター　センター長

一九八〇年三月九州大学大学院博士課程修了、九州大学工学部電子工学科助手、助教授を経て、一九九七年四月より九州大学大学院システム情報科学研究院教授。二〇〇八年〜一一年、システム情報科学研究院長。二〇〇九年より主幹教授。二〇一三年より味覚・嗅覚センサ研究開発センター長。

"Biochemical Sensors: Mimicking Gustatory and Olfactory Senses" (Pan Stanford Publishing)、『食品・料理・味覚の科学』（講談社）、『ハイブリッド・レシピ』（飛鳥新社）、『感性の起源』（中央公論新社）、『味覚を科学する』（角川書店）等、著書多数。

味覚センサ開発の功績で紫綬褒章（二〇一三年）、平成一八年度文部科学大臣表彰・科学技術賞（二〇〇六年）、平成二〇年度安藤百福賞（二〇〇八年）、平成二一年度井上春成賞（二〇〇九年）、第一回立石賞（二〇一〇年）、日本味と匂学会賞（二〇一五年）等、多くの賞を受賞。

大隅　典子（おおすみ　のりこ）

東北大学大学院医学系研究科　教授

東京医科歯科大学歯学部卒、歯学博士。同大学歯学部助手、国立精神・神経センター神経研究所室長を経て、一九九八年より東北大学大学院医学系研究科教授。二〇〇六年より東北大学総長特別補佐、二〇〇八年に東北大学ディスティングイッシュトプロフェッサーの称号授与。二〇一五年より医学系研究科附属創生応用医学研究センター長を拝命。二〇〇四〜〇八年度、ＣＲＥＳＴ「ニューロン新生の分子基盤と精神機能への影響の解明」研究代表を、二〇〇七〜一一年度、東北大学脳科学グローバルＣＯＥ拠点リーダーを務める。「ナイスステップな研究者２００６」に選定。第二〇〜二二期日本学術会議第二部会員、第二三期同連携会員。専門分野は発生生物学、分子神経科学、神経発生学など。近著に『脳から見た自閉症　「障害」と「個性」のあいだ』（ブルーバックス）。

樋口　輝彦（ひぐち　てるひこ）

ＮＰＯ法人脳の世紀推進会議副理事長、国立研究開発法人　国立精神・神経医療研究センター　名誉理事長

一九七二年東京大学医学部卒業。

東京大学医学部附属病院、埼玉医科大学、群馬大学医学部、昭和大学藤が丘病院精神神経科教授、国立精神・神経センター国府台病院副院長、同院長、同センター武蔵病院院長、二〇〇七年同センター総長を経て、二〇一〇年独立行政法人 国立精神・神経医療研究センター理事長・総長、二〇一六年より現職。

日本学術会議連携会員。
日本精神神経薬理学会（名誉会員）、日本うつ病学会、日本不安障害学会（理事）等。
専門は気分障害の薬理・生化学、臨床精神薬理、うつ病の臨床研究。

＊本書は、NPO法人 脳の世紀推進会議の主催により開催された第24回「脳の世紀」シンポジウムでの講演を収録したものである。第24回シンポジウムは2016年9月14日に東京の有楽町・朝日ホールにて開催された。

食と脳

脳を知る・創る・守る・育む 

発行日　平成29年5月20日　第1版発行

編　集　NPO法人 脳の世紀推進会議

発行者　松田　國博

発行所　株式会社　クバプロ

〒102-0072 東京都千代田区飯田橋 3-11-15 UEDAビル6F

電話 03(3238)1689　　振替 00170-9-173842

E-mail : kuba@kuba.jp

http : //www.kuba.co.jp/

印刷所　株式会社　大應

ISBN978-4-87805-152-4　C1040

「脳を知る・創る・守る・育む」シリーズバックナンバー　NPO法人 脳の世紀推進会議／編

音楽と脳

脳を知る・創る・守る・育む 17

B6版並製／160頁
定価：1,200円+税

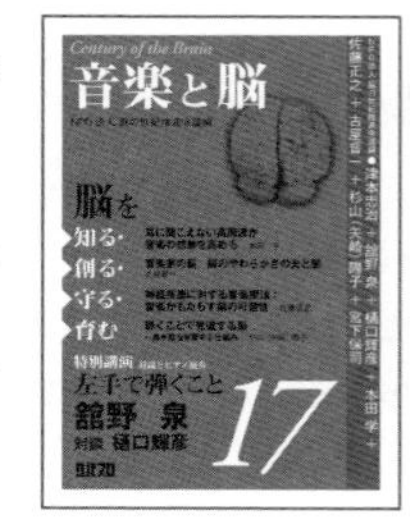

- ○ 対談とピアノ演奏　左手で弾くこと　舘野　泉
　対談　樋口輝彦
- ○ 耳に聞こえない高周波が音楽の感動を高める　本田　学
- ○ 神経疾患に対する音楽療法：音楽がもたらす脳の可塑性　佐藤正之
- ○ 音楽家の脳　脳のやわらかさの光と闇　古屋晋一
- ○ 聴くことで発達する脳～鳥が歌を学習する仕組み　杉山（矢崎）陽子

スポーツと脳

脳を知る・創る・守る・育む 16

B6版並製／172頁
定価：1,200円+税

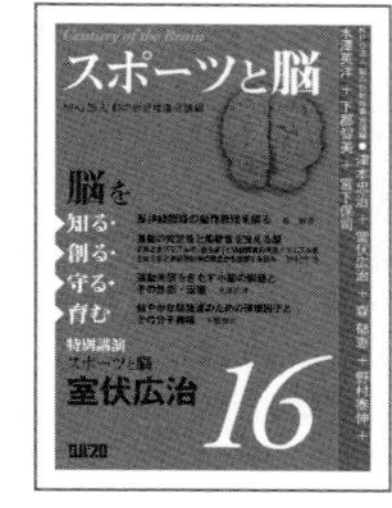

- ○ スポーツと脳　室伏広治
- ○ 脳神経回路の動作原理を探る　森　郁恵
- ○ 運動の安定性と柔軟性を支える脳　野村泰伸
- ○ 運動失調をきたす小脳の病態とその診断・治療　水澤英洋
- ○ 健やかな脳発達のための環境因子とその分子機構　下郡智美

アルツハイマー病の早期診断と治療

脳を知る・創る・守る・育む 15

B6版並製／160頁
定価：1,200円+税

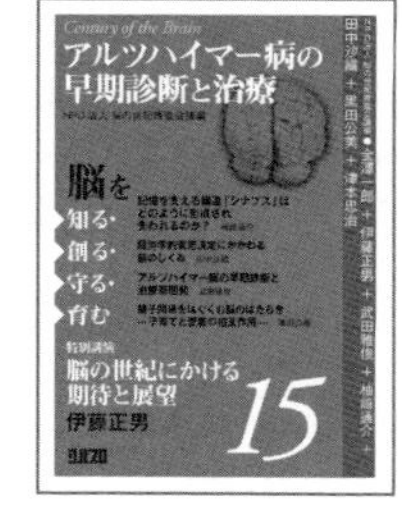

- ○ 脳の世紀にかける期待と展望　伊藤正男
- ○ アルツハイマー病の早期診断と治療薬開発　武田雅俊
- ○ 記憶を支える構造「シナプス」はどのように形成され失われるのか？　柚﨑通介
- ○ 経済学的意思決定にかかわる脳のしくみ　田中沙織
- ○ 親子関係をはぐくむ脳のはたらき―子育てと愛着の相互作用―　黒田公美

脳を知る・創る・守る・育む 14

B6版並製／166頁
定価：1,400円+税

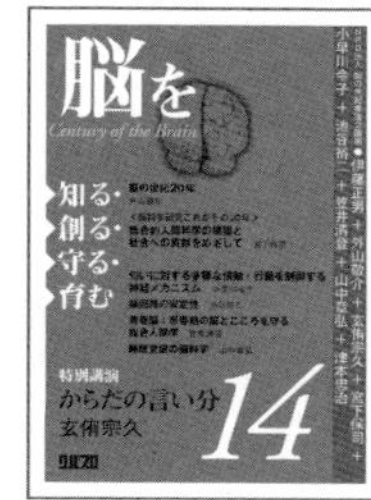

- ○ 脳の世紀20年　外山敬介
- ○ からだの言い分　玄侑宗久
- ○ 総合的人間科学の構築と社会への貢献をめざして　宮下保司
- ○ 匂いに対する多様な情動・行動を制御する神経メカニズム　小早川令子
- ○ 脳回路の安定性　池谷裕二
- ○ 青春脳：思春期の脳とこころを守る総合人間学　笠井清登
- ○ 睡眠覚醒の脳科学　山中章弘
- ○ パネルディスカッション　脳科学研究これからの20年